果蔬商品生产新技术丛书

提高杏和李商品性栽培技术问答

主　编
冯义彬

编著者
张书贵　朱更瑞　郭景南　王力荣
方伟超　陈淑芹　王晓福　曹　珂
陈昌文　郭　瑞　刘　伟

金盾出版社

内 容 提 要

本书以问答的方式对如何提高杏和李商品性栽培做了精辟的解答。内容包括：杏和李商品性的概念，品种的选择，园地的选择，整形修剪技术，果园的管理，病虫害防治技术及杏和李的采收、运输与贮藏等。全书本着联系实际、服务生产的宗旨，内容丰富系统，语言通俗易懂，技术先进实用，可操作性强，便于学习和使用。

图书在版编目(CIP)数据

提高杏和李商品性栽培技术问答/冯义彬主编．—北京：金盾出版社，2009.10
(果蔬商品生产新技术丛书)
ISBN 978-7-5082-5958-1

Ⅰ.提… Ⅱ.冯… Ⅲ.①杏—果树园艺—问答②李—果树园艺—问答 Ⅳ.S662-44

中国版本图书馆 CIP 数据核字(2009)第 145678 号

金盾出版社出版、总发行
北京太平路 5 号(地铁万寿路站往南)
邮政编码：100036 电话：68214039 83219215
传真：68276683 网址：www.jdcbs.cn
封面印刷：北京印刷一厂
正文印刷：北京华正印刷有限公司
装订：北京华正印刷有限公司
各地新华书店经销

开本：850×1168 1/32 印张：5.25 字数：131 千字
2009 年 10 月第 1 版第 1 次印刷
印数：1～10000 册 定价：9.00 元

目　录

一、杏和李商品性概述

1. 什么是杏和李的商品性？发展杏和李商品性生产的意义是什么？

杏和李的商品性指果品满足消费者的程度，是用来区分果品性质和等级、表示优劣程度以及衡量其作为人类食品的商品价值特性的总称。商品性常涉及食用质量、营养价值、安全性、运输质量、销售质量以及内在和外观品质等。

发展杏和李的商品性生产的意义：一是满足消费者的需求；二是提高栽培者的经济效益；三是增加农村劳动力就业，促进社会稳定和谐；四是增加社会生态效益。

2. 我国杏和李商品性生产的发展方向是什么？

(1)加大政府扶持力度，调整水果产业政策 杏和李产业化是推动杏和李可持续发展的巨大动力。因此，应尽快推行产业化建设，发展特色果业，提高杏和李产品的国际竞争力，尤其要大力推行产销一体化的产业化建设，政府应选择生产有优势、产业关联度较强的支柱产业和主导产品及特色产品，在科技、资金、设备等方面进行重点扶持，推动杏和李果业优质化、规模化，商品化。

(2)调整区域布局，优化品种结构 世界各主要水果出口国和名牌产品均产自最佳生态区，即适宜区和最适宜区，所以杏和李按生态区划栽植十分重要，各地均有其适栽区的优良品种，应合理布局，在最适宜和适宜区内，利用可开发地，适度发展适宜树种，如渑池的仰韶杏、库车白杏、兰州大接杏等。

(3)推广科学技术，提高果品质量 综合采用良种壮苗、矮化栽培、疏花疏果、配方施肥、人工或蜜蜂授粉、果园覆盖、生草栽培、节水灌溉、高接换种、控冠改形、病虫害综合防治、果实套袋、摘叶转果、铺反光膜等技术，最大限度提高果实品质。

(4)强化良繁，创造发展条件 培育良种苗木是提高果品质量的关键，而培育良种壮苗必须以良种繁育体系作保证。

(5)实行无公害生产，争创名优品牌 严格按照国家已经和正在制定的各类苗木产品标准和栽培技术规程进行管理，提高杏和李的质量，以及果品的市场竞争力。目前，特别是要将无农药污染技术、无公害生产技术、绿色食品生产技术运用到杏和李产业化经营中，培育一批无污染、无公害产品乃至绿色食品等名牌产品。同时，加强基地果品采后商品化处理，提高贮藏、加工能力，为出口创汇创造条件。

(6)健全市场体系，搞活果品流通 市场是推进杏和李产业化经营的先导。健全市场体系、搞活流通是杏和李产业化发展的关键。

3. 杏和李商品性包括哪几个方面？

(1)果品的外观品质

①大小 果实的大小因其种类和品种而不同。果实的大小主要取决于果实内细胞的数量、体积、密度和间隙。果实成熟时的大小和重量同时受这4个要素的影响。而这些组成要素的变化，除与果树本身的遗传特性有关外，还受许多外部因素的影响。

②形状 成熟时果实的形状因种类和品种而不同。质量优的果实应具有该品种的典型形状特征。

③色泽 色泽是光照的反应。各种色素在果实中含量不同决定着果实色泽的区别。

(2)果品的质地 果品的质地由细胞间结合力、细胞壁的机械强度及细胞大小、形状和紧张度决定。

(3)果品风味 果品的风味包括甜味、酸味、涩味、苦味、鲜味等。

(4)果品的营养

①水分 水分是维持果实正常生理活性和新鲜品质的必要条件,也是果品的重要品质特性之一。李、杏果实的含水量在80%~90%。

②碳水化合物 果实的碳水化合物包括单糖、寡糖、多糖以及糖的衍生物糖苷等。李、杏果实中含有木糖,葡萄糖超过果糖;李果实中含有少量的密三糖,杏果实中含有果糖和寡糖。

③矿物质 矿物质也就是无机盐类物质,如钾、钠、钙、镁、磷、铁、铜、锌、钼、硒、碘等,果实中的矿物质容易被人体吸收。

④维生素 维生素是一些有机物,具有特殊的代谢功能,一般情况下人体不能合成这些维生素,而且人体所需的维生素需要由饮食提供,水果是人体摄取维生素的重要来源。

⑤蛋白质 蛋白质在正常人体内占体重的16%~19%。虽然人体每天在不断合成蛋白质,但进入成年后蛋白质的含量基本稳定不变。人体内的蛋白质每天有3%需要更新,所以要通过摄食来补充。果实的蛋白质含量较少,但杏仁中蛋白质的含量高。

⑥脂肪 脂肪在人体内约占体重的12%,其作用主要是向机体提供能量,促进脂溶性维生素的吸收。果肉中的脂肪含量低于种仁。

⑦氨基酸 氨基酸是构成蛋白质的基本物质,它的功能与蛋白质基本相同。果品中的氨基酸差异较大,100克果肉中的氨基酸总量李子为245毫克,梅子为219毫克。

(5)果品的香气 许多果品具有香气,怡人的香气是果品吸引消费者和增强市场竞争力的重要因素之一。果实的香味来源于各种微量挥发性物质,由于这些挥发性物质的种类和数量不同,便形成了各种特定的香气。

(6)果品的包装 好的包装是商品的终身广告和免费广告，包装直接针对产品，新颖美观、迎合消费者心理的包装，不仅能传达商品的内涵，而且能增加产品价值，提高产品附加值。

(7)果品的安全性 果品的生产、包装、贮藏、运输等技术环节的安全性，构成了果品市场的安全体系。在这一体系中，对果品安全影响最大的是果品的生产过程。生产过程中存在着农药污染、化肥污染、化控技术的应用对果品安全性造成的威胁等。

4. 影响杏和李商品性的关键因素有哪些？

影响杏和李商品性的关键因素：一是品种特性；二是生态条件；三是合理施肥和使用农药；四是果园病虫草害的综合防治；五是果实管理；六是果品采后的运输和贮藏。

5. 品种特性与杏和李商品性的关系是什么？

品种特性包括树体的形态特征、适应性及物候期、生长结果习性、果实经济性状等几个方面。树势强健，自然开张的容易结果；适应性强的品种在不同立地条件下表现均好，物候期稍晚的品种可以减少晚霜的危害；生长结果习性以中、短果枝结果为主，它成花容易，丰产，且抗晚霜；果形，果个大小，外观是否鲜艳，果肉质地，可溶性固形物含量，风味等影响着果实的商品性。

6. 栽培区域与杏和李商品性的关系是什么？

果树与环境条件是一个有机联系着的统一体，在环境条件中最基本的因素是温度、光照、水分和土壤，这些因素是果树正常生长中不可缺少的，称为直接因素。而地势（海拔、坡度、坡向）、风等，也会间接影响果树的生长发育，称为间接因素。这些环境条件影响着果实品质的形成。

(1)温度 杏和李树对温度的适应范围较广。李树对温度的要求因种类和品种而有差异，中国李对温度的适应性强，在北方冬季低温地带和南方炎热地区均可栽培。欧洲李原产于地中海南部地区，适宜在温暖地区栽培，抗旱性不如中国李。美洲李比较耐寒，在我国东北地区栽培较多，不加特殊保护即可越冬。杏和李在休眠期内能耐－30℃的低温，生长在东北的品种群抗寒能力最强，在－40℃或更低的温度下也能安全越冬。在生长季中，杏树又是耐高温的果树，在新疆地区夏季平均最高温度为 36.3℃，绝对最高温度达 43.9℃，杏树仍能正常生长，且果实含糖量较高。

(2)光照　杏和李是比较喜光的树种，在水分条件好、土层比较深厚、光照不太强烈的地方，均能生长良好。但果实却要求充足的光照条件，阳坡外围向阳的果实着色早、品质佳。在生长季节，阳光充足，空气比较干燥，花芽分化良好，新梢发育健壮，病虫害少，产量高且风味好。光的质量对李树也有很大影响，一般漫射光比直射光对李树更为有利。因为漫射光里含有李树所需要的红光、黄光较多。它的强度虽不及直射光，但可利用的部分随海拔的增高而减少，而紫外线则有所增加。紫外线有抑制李树生长的作用。所以，高山上的李、杏树比较矮，这与紫外线较强有关。光照来自太阳，不易控制。但可通过调整种植密度、整形修剪来改善光照条件，也可通过其他农业技术措施提高光的有效利用率，来提高果实品质。

(3)水分　杏和李树对水分的要求，因种类和品种不同而有差异，欧洲李和美洲李，对空气相对湿度、土壤湿度要求较高，中国李则要求不高，在干旱和潮湿的地区都能生长。杏树具有很强的抗旱能力，在年降水量为 300～600 毫米的地区，即使不浇水也能正常生长和结实。其主要原因是杏树不仅根系强大、可以深入土壤深层吸取水分，更重要的是杏叶片在干旱时可以降低蒸腾强度，具有耐脱水性。李树是浅根性果树，抗旱性中等，喜潮湿。李树对水分的要求一年中不同时期也是不相同的。新梢旺盛生长和果实迅速膨大时，需水量最多，对缺水最敏感，因此称为需水临界期。花期干旱或水分过多，常会引起落花落果。花芽分化期和休眠期则需要适度干旱。

(4)土壤　杏和李树对土壤要求不十分严。中国李对土壤适应性超过欧洲李和美洲李。无论是北方的黑钙土、南方的红壤土，还是西北高原的黄土，均适合李树生长。

杏和李树对土壤的要求虽然不严，但不同的土壤类型对根系和地上部分会产生不同的影响。李的大量吸收根分布较浅，但以土层深厚的肥沃土或排水良好的沙壤土为最好。表土浅且过于干燥的沙质土栽培李时，不但生长不良，且果实近成熟膨大期易发生日烧病，故李园土壤宜土层深厚而肥沃。如用瘠薄地，应先行深翻，并多施有机肥。欧洲李适合肥沃的黏质土，不适合沙土。美洲李从黏质土至轻沙质土都可适应。

(5)地势　地势(海拔高度、坡度、坡向、小地形)不是果树的生存条件，但能显著地影响小气候，与果树生长发育密切相关，影响果实品质。

(6)风　杏和李树喜通透性良好的环境。开花期间，微风能散布芬芳的香气，有利于招引昆虫传粉，还可以吹走多余的湿气，防止地面冷空气的集结，从而减轻杏园辐射霜冻的危害。花期遇大风极为有害，不仅影响昆虫传粉，还会将花瓣、柱头吹干，从而造成杏授粉受精不良，降低产量。风速大于10米/秒时，会引起枝干的折断、叶片的破裂和果实的脱落，同时也能传播病原体，造成病害蔓延。在多风地区，应在果园的周围营造防风林带。

7. 栽培模式与杏和李商品性的关系是什么?

栽培模式有“果—草—牧”、“果—草—牧—沼”、“果—草—鸡”、“果—粮”、“果—药”、“果—草—鱼”、保护地栽培等。“果—草—牧—沼”是以果业开发为中心，集果木栽培、果品生产、畜牧养殖和沼气液渣肥田，形成了比较完整的生态循环经济。保护地栽培是采用保护设备，创造适于杏和李生长的环境，以获得稳产高产的栽培方法，是摆脱自然灾害影响、减少污染的一种先进农业技术。保护设备有简易风障、地膜覆盖、塑料大小棚和温室；保护地的主要栽培方式有促成栽培、早熟栽培、延后栽培等。

8. 栽培技术和环境管理与杏和李商品性的关系是什么？

随着人们生活的改善，国内消费市场逐步显现新的特点，无公害、卫生与安全且具有食疗、保健等功能的果品成为新的消费热点，果品生产不仅要求产量高，而且更要求质量好，才能满足人民生活日益提高的需求。选择无污染的环境（包括土壤、大气、地下水质）栽植，采用合理的农业技术措施（肥料、农药、加工、运输等），才能充分发挥优良品种的特性，生产出优质、无公害、符合杏和李商品性要求的果实。

9. 病虫害防治与杏和李商品性的关系是什么？

积极贯彻预防为主、综合防治的植保方针。以农业和物理防治为基础，提倡生物防治。按照病虫害的发生规律和经济阈值，科学使用化学防治技术，有效控制病虫害，减少果实中有害农药的残留量，达到杏和李商品性的要求。

10. 采收贮运与杏和李商品性的关系是什么？

适时采收对产量、品质和贮藏效果都有很大影响。采收时的成熟度要根据果实品种和果实的贮藏期来确定。用于短期贮藏的可适当晚采，长期贮藏的要适当早采。采收过早果实品质差，而且在贮藏过程中容易失水皱缩。采收过晚果实采后很快后熟发绵。采收期可以依据果实的可溶性固形物、硬度、色泽等，在能够反映该品种典型特征时采收。

在采收期内，为保证果品品质，提高贮藏质量，要选择基本相同的果实采摘，成熟一批采摘一批。采摘时最好选在晴朗天进行。早晨露水已干，气温不高时或下午16时以后采摘最为适宜。采摘时动作要尽量轻缓，防止机械损伤，避免微生物从伤口处侵入而感染病害。

11. 如何综合各因素的影响在生产技术上提高杏和李商品性?

(1)品种的选择 选择适宜当地的2～3个品种。要求苗木根系完整、发育良好、生长健壮。

(2)栽 植

①时期 秋季落叶后至翌年春季果树萌芽前均可栽植，以秋季栽植为好；在冻害或干旱抽条的地区，以春季栽植为好。

②密度 根据园地的立地条件、品种、整形修剪方式和管理水平等而定，一般株、行距为(2～3)米×(3～4)米。

③方法 定植穴为100厘米×100厘米×100厘米，每株施有机肥50～100千克。

(3)土肥水管理

①深翻改土 每年秋季果实采收后结合秋季施基肥进行。在定植穴以外挖环状沟或放射状沟，沟宽60～80厘米，深50～100厘米。

②覆草和埋草 覆草在春季施肥、浇水后进行。行间或全园覆盖，连续覆盖3～4年，深翻埋入地下1次；也可结合深翻开大沟埋草，提高土壤肥力和蓄水能力。

③中耕 果园生长季降雨或浇水后，及时中耕松土，保持土壤疏松无杂草。中耕深度为5～10厘米，以利于调温、保墒。

④施肥 合理、及时施用各种肥料。

⑤浇水　水质符合农田灌溉水标准。浇好封冬水、花前水、果实膨大水。

(4)整形修剪　根据当地的气候条件、果园的土壤条件、品种特性以及管理水平进行整形修剪,主要解决树体的通风透光,防止结果部位外移,调节好生长与结果的关系,保持优质、丰产、稳产。

(5)花果管理　根据树体生长状况,疏花疏果,使产量合理地分布;根据果实发育动态,及时合理地补充所需的肥料,提高果品的质量。

12. 杏和李果品质量包括哪几个方面?与商品性关系如何?

果品质量可以概括为3个方面,即性状因子、性能因子和嗜好因子。性状因子是指果品的外观和质地。性能因子是指与食用目的有关的特性,包括果品的风味、营养价值、芳香气味等。嗜好因子是指人们的偏好因素,它因消费群体乃至个人偏好而有所差异。欧洲人和中国南方人普遍喜欢偏酸的果品,北方人普遍喜欢口感风味甜的果品。

作为商品并不是质量最好的果品销量最大、营利最丰,购销双方都要根据本身情况考虑质量和价格的比值,以便确定最佳销售点。为此,将果品质量分为最佳质量和经济质量。此外,商品中还有硬质量和软质量之分。前者主要指营养和贮藏性,后者指如何迎合消费者的心理要求。

二、品种的选择标准

1. 栽培杏和李树的经济效益如何？

李、杏是我国主要的落叶果树树种之一，其早熟甘美的果实在初夏果品市场上占有独特的位置。近年来一直供不应求，价格居高不下。杏和李树结果早、寿命长。定植后第二年即有产量，并可获得较理想的收益，经济产量一般可保持百年左右。李、杏树的适应性强，抗旱、抗寒、耐盐碱、耐瘠薄，不论平原、山地、丘陵还是沙荒地，均能生长结果良好，而且管理比较容易，投资较少，经济效益较高。

杏和李具有很大的加工潜力，可以制成各种加工品，增值增收。除果实之外，杏树木材也有多种用途。杏与李的花和叶具有较高的观赏和绿化价值。

总之，发展李、杏树生产，不仅可使广大的干旱山区、沙荒区以及城郊人民脱贫致富，改善生态环境，而且可繁荣果品市场，有益人民健康，同时还能为国家换取更多的外汇，进一步改善生态环境。

2. 杏和李树分布于哪些国家？

李、杏是世界性水果之一。近 20 年来，世界李、杏树生产发展较快，目前全世界除南极大陆以外，自北纬 50°至南纬 45°之间均有杏的分布。据《2004 年联合国粮农组织生产年鉴》报道，2003 年全世界李、杏面积分别为 253.6 万公顷、39.8 万公顷。产量分别为 1 010.9万吨、252.9 万吨。李面积超过 1 万公顷以上的国家有中国、德国、美国、法国、土耳其、伊朗、意大利等；产量超过 10 万吨以上的国家有中国、美国、德国、法国、土耳其、伊朗、意大利等。杏面积超过 1 万公顷以上的国家有土耳其、伊朗、中国、意大利、法国等；产量超过 10 万吨以上的国家有土耳其、伊朗、意大利、法国等。

3. 我国杏和李树的栽培历史及现状？

我国李、杏栽培现状，首先是果品质量问题。近几年由于果品生产发展迅速，很多地方重产量轻质量。尽管有一些优秀品种，但一些果农在采收、分级、保鲜、包装等方面缺乏一个较统一的规范，加上保鲜、包装不善，不但损耗高，幸存的水果也在外观上大打折扣，难以与色彩鲜艳欲滴的"洋水果"竞争。其次是我国水果品牌意识不足。由于许多果树还处在农民自主栽培状况，规模小且较为分散，也没有大力宣传品种品牌，使一些优良品种仍是小家碧玉，鲜为人知。元旦、春节市场上进口的精品李子为 40～50 元/千克，而我国自己生产的精品李子为 10～15 元/千克，这样的果品数量也是很少。再次是单位面积产量低，管理粗放，没有按照无公害果品生产技术规程操作。而我国大多数果园还没有达到无公害的标准。

4. 杏和李树在我国哪些地区适宜栽培？

杏和李树对外界环境条件要求不严，适应性极强。就我国而言，李树除高海拔的青藏高原和低纬度的海南省外都有栽培；杏树从北纬 23°～53°皆有分布，其主要产区的年平均气温为－5℃～22℃，≥10℃有效年积温在 1 000℃～6 500℃，年降水量为 50～1 600 毫米，日照时数为 1 800～3 400 小时，无霜期在100～350 天（表 2-1）。由此可见，杏树不仅能在高纬度、气候寒冷、干旱的地区开花结果，而且也能在低纬度、气候温暖、湿润多雨的地区生长发育。

表 2-1　我国李杏产区气候条件

产区	纬度（°）	年平均气温(℃)	1月份平均气温(℃)	7月份平均温度(℃)	≥10℃有效年积温(℃)	日照时数（小时）	无霜期（天）	年降水量（毫米）
东北	37～53	0～8	−25～−10	20～25	2000～3000	2400～3200	100～180	100～800
西北	32～49	−5～14	−15～0	15～25	1000～3500	1800～3400	100～200	50～1000
华北	32～42	10～16	0～10	22～27	3000～4000	2400～2800	150～220	50～800
华东	23～35	13～22	0～15	27.5～30	4500～6500	1800～2400	200～350	800～1700

5. 我国杏和李的发展前景如何?

优质果的生产必须有相应的自然条件和先进的管理技术。我国李、杏分布范围较广，如果能发挥地域广阔、地形复杂、气候多样的优势，有适宜当地土壤、气候等自然条件的优良品种，再加大技术投入，积极推广疏花疏果、果实套袋、摘叶转果和无公害栽培等先进技术，果品质量就会显著提高。

随着居民收入水平的提高，对果品的消费需求呈增长趋势。我国目前人年均果品占有量与发达国家人年均消费水果的水平相比差距较大。若考虑到未来人口增长因素，按照健康标准计算，全国果品消费量将达到 11 551.2 千克，比 2002 年全国果品生产总量高出 70%。

近年来，发达国家的果汁消费量每年以 13%的速度增长，人年均果汁占有量达到 40 升，发展中国家也达到 10 升左右。而我国目前人年均果汁占有量还不足 1 升，这就意味着我国果品加工的发展潜力巨大，新疆目前已有几条杏浓缩汁生产线，生产出的果汁出口供不应求。所以，需要改进果品经营方式：一是建立无公害果品生产体系，采取“公司＋基地＋农户”的模式，实行果品生产、采后商品化处理和出口一体化经营；二是加强经营企业的经济联合，建立专业化集团公司，提高果品经营的专业化、规模化水平，增强开拓国内和国际市场的能力；三是积极开展绿色营销，以优质、名牌产品赢得国内、国际市场信誉和经济效益。

6. 哪些鲜食杏优良品种适于生产栽培?

(1)早金蜜 中国农业科学院郑州果树研究所选育。果实近圆形，果顶平，微凹；平均单果重 60.2 克，最大单果重达 80.3 克；果实纵径约 4.8 厘米、横径约 5 厘米、侧径约 5.1 厘米；缝合线明显，片肉对称；梗洼圆深。果皮橙黄色，洁净美观，肉橙黄色，由里向外成熟。肉质细软，汁液多，纤维少，味浓甜芳香，可溶性固形物含量为14.6%，品质上等。离核、核小、仁苦。果实可食率为96.3%。常温下可贮放5～7天。

树体矮化，健壮，节间较短，叶片大而厚，5年生树高约2.5米，冠幅约2米。萌芽率为60%，成枝率为30%。此品系成花早，花量大，丰产、稳产性强。苗圃内速成苗成花株率达5%，定植后翌年开花株率和坐果株率均达100%，以短果枝和花束状果枝结果为主。2004年3月上旬遭遇低温花芽冻害率为5.8%（金太阳、凯特的冻害率都在50%以上），无裂果、无采前落果现象。

（2）新世纪 山东省农业大学选育。果实卵圆形，果顶平，平均单果重68.2克，最大单果重达150克；果实纵径约5.2厘米、横径约4.8厘米、侧径约5.4厘米。缝合线深而明显，片肉不对称。果皮底色橙黄，阳面着粉红色；果面光滑。肉质细，香味浓，味酸甜适口。可溶性固形物含量为15.2%，品质上等。离核、仁苦。

树冠开张，枝条自然下垂，萌发率高，成枝率低。以短果枝结果为主，丰产性好。花期晚，可避开晚霜危害。

（3）甘玉 河北省农林科学院石家庄果树研究所从地方品种中筛选出，2002年11月通过河北省林木品种审定委员会审定。果个中大，平均单果重49.5克，最大单果重达65克；果皮底色黄白，阳面着鲜红晕，外观亮丽，洁净。果肉黄白色，肉质细，纤维少，商品成熟期果肉较硬，充分成熟后柔软多汁，风味酸甜，香气浓，可溶性固形物含量为13.04%，最高可达17.6%，可溶性总糖含量为7.6%，总酸含量为1.644%，维生素C含量为14.8毫克/100克。果实在常温下可存放5天左右，鲜食品质上等。黏核，仁苦。果实5月下旬成熟。

树势中庸，7年生树干周长约30.4厘米，树高约4.04米，树冠4.26米×4.23米，萌芽率为29.73%，成枝率为8.11%，副梢较多且着生部位较高，以短果枝和花束状果枝结果为主。6年生树(株、行距4米×6米)每667平方米产杏701～950.6千克。

(4)骆驼黄杏 原产于北京地区。果实圆形,平均单果重50克,最大单果重达78克;果实纵径约4.3厘米、横径约4.5厘米、侧径约4.5厘米;果顶平圆,微凹,缝合线明显,中深,片肉对称;梗洼深广。果皮底色橙黄,阳面着红色。果肉橙黄色,肉质较细软,汁液多,甜酸适口。可溶性固形物含量为11.5%、可溶性总糖含量为7.1%、酸含量为1.9%、维生素C含量为5.4毫克/100克。半黏核、甜仁。品质上等,果个中等,色泽鲜艳,果实品质优良,较丰产,果实6月初成熟,发育期55天。该品种为极早熟鲜食杏。

树势强,树姿开张。萌芽率为44%,成枝率为40%。以花束状果枝结果为主,连续结果能力强,采前落果轻,栽培时必须配置授粉品种。此品种嫁接后幼树生长迅速,成形早且丰产,5年生树平均株产20千克左右。较抗旱、抗寒、适应性强。

(5)金太阳 果实较大,平均单果重66.9克,最大单果重达87.5克。果实近圆形,端正,果顶平,缝合线浅且不明显,片肉对称。果面光滑,金黄色至橙红色,有光泽,极美观。果肉黄色,肉厚约1.46厘米,肉质细嫩,纤维少,汁液较多。果实完熟时可溶性固形物含量为14.7%,可溶性总糖含量为13.1%,总酸含量为1.1%,味甜微酸。离核、核小、仁苦,可食率为96%。抗裂果,较耐贮运,适期采收常温下可存放5～7天。

树姿开张,树体较矮。生长势中庸,成龄树枝条一年中可有春梢、夏梢、秋梢3次生长,枝条易下垂。萌芽力中等,成枝力强,幼树轻剪可抽生较多的短枝,夏季短截可抽生2～3个长枝。幼树以中、长果枝结果为主,占果枝总量的80%,短果枝占12%,花束状果枝占8%。花芽分化质量较高,雌蕊败育花率较低,需配置授粉品种。此品种成花早、花量大、早实、丰产、稳产,是保护地和露地栽培的适宜品种之一。

(6)金香 中国农业科学院郑州果树研究所选育。果实近圆形，平均单果重 100 克，最大单果重 180 克。果实纵径约 5.5 厘米、横径约 5.6 厘米、侧径约 5.8 厘米；果顶平，缝合线浅，片肉对称。果皮橙黄色，阳面有红晕，果肉金黄，肉质细，汁多，纤维少，味浓香甜。可溶性固形物含量为 13.2 千克，品质上等，离核、甜仁。

树势生长健壮，树姿开张。萌芽率为 49%，成枝率为 32%。2 年生树开始结果，成龄大树平均株产 60 千克左右。以短果枝和花束状果枝结果为主。

(7)白砘轱 河北省农林科学院石家庄果树研究所选育。果实圆形，端正，平均单果重 47.8 克，最大单果重达 65 克；果个较大，果顶圆平，缝合线浅，果皮底色黄白，阳面具彩色红晕，果面洁净、鲜亮美观。果肉黄白色，肉质细，纤维少，果肉较硬，完熟后柔软多汁。可溶性固形物含量约 15.45%，风味酸甜浓厚，有香气，鲜食品质极上等。常温下，成熟期的果实采后可存放 3～5 天，较耐贮存，黏核、仁苦。5 月底至 6 月初果实成熟。

树冠圆头形，树姿开张，生长势中庸，树体健壮，树冠成形快，长、中、短果枝均可结果，但以短果枝和花束状果枝为主。花芽形成容易，幼树开始结果早，定植后 2～3 年见果。连续结果能力强，无隔年结果现象。

(8)山农凯新 1 号 山东省农业大学培育的早熟杏新品种。果实近圆形，稍扁，果顶平，平均单果重 50.6 克，最大单果重达 68 克；纵径 4.5～5.3 厘米，横径 4.6～5.2 厘米，缝合线浅而不明显，片肉对称；梗洼圆深。果面光洁，橙红色，美观。肉质细，纤维少，汁液中多，香味浓，味甜。可溶性固形物含量为 15.5%，品质优。离核、仁苦。在山东泰安地区 6 月初成熟，果实发育期 60～63 天。

山农凯新 1 号的特异性主要表现在：一是与其亲本新世纪比较，其突出的特点是自花结实率高达 25.9%，明显优于新世纪 1.7%，丰产性、稳产性及早果性极强；二是与凯特杏比较，山农凯新 1 号具浓郁香味，可溶性固形物含量高达 15.5%，果面光洁，橙红色，极美观，果个比凯特杏小，成熟期比凯特杏早熟 7～10 天，既可鲜食，又可加工制汁。

(9)山农凯新 2 号 山东农业大学培育的早熟杏新品种。果实近圆形，稍扁，果顶平，平均单果重 108.6 克，最大单果重达 130 克；果实整齐度高，纵径 5.6～6.5 厘米，横径 5.6～6.5 厘米，缝合线浅而不明显，片肉对称；梗洼圆深。果面光洁，底色为黄色，阳面具彩色红晕，美观。肉质细，纤维少，汁液中多，具香味，味甜，品质上等。离核、仁苦。在山东泰安地区 6 月上旬成熟，果实发育期 65～70 天。

山农凯新 2 号的特异性主要表现在：一是与其亲本巴旦水杏比较，其突出的特点是自花结实率高达 13.8%，而巴旦水杏的自花结实率为 0%～0.3%。因此，山农凯新 2 号比巴旦水杏丰产性、稳产性及早果性强；二是山农凯新 2 号果个大而整齐，果面光滑，外观品质优于凯特杏，比凯特杏早熟 3～5 天；既可鲜食，又可加工制汁。

(10)丰园红 西安丰园果业科技有限公司和西安市杏果研究所，从杏品种金太阳自然杂交后代中选育的杏新品种。2008 年 6 月通过陕西省果树品种审定委员会审定。果实卵圆形，平均单果重 62 克，最大单果重达 110 克，果皮阳面浓红色；离核、果仁甜；果肉较硬，完全成熟后肉质细密，纤维中等，汁液多。可溶性固形物含量为 13.29%，可溶性总糖含量为 7.58%，总酸含量为 0.93%；果实在室温下可存放 7 天，较抗碰压，耐运输。

(11)凯特杏 原产自美国加利福尼亚州，1991 年由山东省农业科学院果树研究所引入我国。果实长圆形，果顶平，微凹，片肉对称；特大型果，平均单果重 105.5 克，最大单果重达 138 克。果面橙黄色，阳面着红晕。果肉金黄色，肉质细软、中汁、味甜。可溶性固形物含量为 12.7%，总糖含量为 10.9%，可滴定酸含量为

0.94%。离核、仁苦。果实6月上中旬成熟。

此品种成花早、花量大、具有自花结实能力，早实、丰产、稳产，是保护地和露地栽培的适宜品种之一。

(12)玛瑙杏 原产自美国，1987年山东省农业科学院果树研究所由澳大利亚引入我国，属欧洲生态群品种。平均单果重55.7克，最大单果重达98克；果实圆形，果顶圆平，缝合线浅且明显；果皮底色橘红色，阳面着片状红晕，果面光滑洁净，外观极美。果肉橘黄色，硬度大，汁液中多，芳香味浓，味酸甜。可溶性固形物含量为12.5%，可溶性总糖含量为9.05%，可滴定酸含量为1.4%，品质上等。核中大、离核、仁苦。果实发育期74天，耐贮运。宜棚栽，鲜食加工兼用。

幼树生长势旺，萌芽力、成枝力中等，树姿较直立，结果后树姿开张。易成花，坐果率高，极丰产，适合密植栽培。

(13)冀光 河北省农林科学院石家庄果树研究所杂交培育。果个较大，平均单果重58.3克，最大单果重达70克；纵径约4.9厘米、横径约4.6厘米、侧径约4.6厘米；果实圆形，较串枝红端正，果顶微凸，缝合线浅且显著，片肉较对称。茸毛稀少，果实底色橙黄，阳面有红晕，成熟一致，果面光洁。果肉橙黄色，组织较细，纤维较少，汁液中多，商品成熟期的果实较硬，有韧性，味酸甜，有香气。可溶性固形物含量为12.92%，最高可达18.2%，可溶性糖含量为7.35%，可滴定酸含量为1.75%，维生素C含量为8.16毫克/100克，品质上等。离核、核与果肉之间有空隙、仁苦。果实在常温下可存放7天，耐贮运，果实在6月中下旬成熟。

树势强，5年生树高约4.1米，冠幅3.39米×3.37米，萌芽率高，成枝力低，1年生枝长为1.09米，以短果枝和花束状果枝结果为主。6年生树每667平方米产杏1 335.6～1 745.3千克。可用大丰杏、甘玉杏、香白杏按3∶1比例配置授粉树。

(14)旬阳荷包杏 原产自陕西省秦巴山区。果实扁圆形，平均单果重125克,最大单果重达154克;片肉稍不对称,充分成熟后沿缝合线轻微裂开。果皮底色橙黄,向阳面有红色果点,果肩处最密,色泽美丽。果肉橙黄色,肉质细、柔软,风味甜酸适度,香味浓郁,多汁,离核、仁甜香。采收后在室温下可贮放3～5天。果实发育期65～75天,是优良的早中熟品种。

早实性强、丰产。定植后3年开始结果,成年树株产200千克左右。耐瘠薄。杏果除鲜食外,还可加工成杏干、杏脯、杏酱、杏汁、杏酒和杏罐头等。近年来陕西省旬阳县已把此品种作为开发推广品种。

(15)仰韶黄杏 又名鸡蛋杏、大杏、响铃杏。原产自河南省渑池县,1988年曾被农业部定为杏的名特优产品。果实卵圆形,平均单果重87.5克,最大单果重达131.7克,果面黄色或橙黄色,2/3阳面具红晕。果肉橙黄色,肉质细韧,致密而软,纤维少,汁多,甜酸适度,香味浓郁。可溶性固形物含量为14%,pH值为5～6,维生素C含量为11.7毫克/100克,品质上等。常温下可存放7～10天。离核、仁苦。果实6月中旬成熟,发育期70～80天,是优良的中熟地方品种。

此品种分布较广,河南、陕西、山西、河北、北京、辽宁等地均有栽培。较丰产,适应性、抗寒、抗旱、耐瘠薄能力均强,对炭疽病及介壳虫抗性较强。果实除鲜食外,还可加工成杏罐头、杏脯等,为优良鲜食与加工兼用品种。

(16)金皇后 陕西省农业科学院果树研究所从杏、李自然杂交种中选育。果实近圆形,平均单果重81克,最大单果重达100克,果个均匀;果顶平,缝合线浅。果面金黄,部分果阳面有红晕;果肉橙黄色,质细而致密;黏核、仁苦,似李核;初采果硬度大(18千克/厘米^2),以李味为主,在室温下存放5～7天后,果实开始变软,汁液增多,杏味增浓。在室温下可存放2周,在0℃～5℃低温条件下可存放1个月左右。果实7月上旬成熟,是优良的晚熟鲜食新品种。

树势中庸偏弱，萌芽力、发枝力中等，以花束状果枝和短果枝结果为主。定植后第三年开始结果，第四年平均株产约 45 千克，2 475 千克/667 米^2，第七年平均株产约 115 千克，6 325 千克/667 米^2。在陕西关中地区表现连年丰产、稳产。

花期较一般杏品种晚 5～7 天，能避免花期寒害。多雨年份未发生过裂果现象，抗细菌性穿孔病和杏疔病，同时抗风能力也强，无采前落果现象，是优良的晚熟耐贮新品种。

(17)巴斗杏　主产区是安徽淮北、砀山、萧县、徐州等地。果实近圆形，果顶平，缝合线明显，平均单果重 55.2 克，最大单果重达 82 克；果实底色淡黄，阳面有鲜红霞；果肉橘黄色，肉质致密，纤维少，中汁，酸甜适口，有香气，可溶性固形物含量达 14%，品质上等或极上等。离核、仁甜。常温下果实可贮放 7 天左右。果实 6 月下旬成熟，生育期约 80 天，是优良的中晚熟地方古老品种，至今已有 400 余年的栽培历史。

此品种适应性强，抗旱，耐瘠薄，较丰产。8 年生树平均株产 70 千克，盛果期最高株产可达 200 千克以上。鲜食、制罐头均可，为优良的鲜食与加工兼用品种，近年来在安徽省已规模栽培。

(18)唐汪川大接杏　又名桃杏。原产自甘肃省东乡族自治县唐汪川。果实圆形，平均单果重 90.3 克，最大单果重达 150 克；果实纵径约 5.5 厘米、横径约 5.5 厘米、侧径约 5.5 厘米；果顶尖圆；缝合线深且明显，片肉对称；梗洼中深。果皮黄色，阳面着鲜红色；果皮中厚，难剥离。果肉橙黄色；肉质细密，柔软多汁，纤维少，风味酸甜适度，芳香浓郁。可溶性固形物含量达 15.5%，品质上等。常温下可存放 4～6 天。离核或半离核、仁甜。果实 7 月上中旬成熟，发育期约 90 天，是果大质优的晚熟鲜食品种。

树势强，树姿开张。萌芽率为 66%，成枝率为 46%。以短果枝和花束状果枝结果为主，结果枝寿命 3～8 年。适应性强，较丰产。

此品种在甘肃、陕西、宁夏、辽宁等省(自治区)均有栽培,表现良好。抗寒、抗旱、适应性强,丰产性好。栽植后第四年开始结果,第十年进入盛果期,10～15 年生树株产 75～300 千克。除鲜食外,还可加工制脯、制罐,为优良的鲜食与加工兼用品种,宜在交通运输方便的地方广泛栽培。

(19)兰州大接杏 原产于甘肃省兰州市郊。果实长卵圆形,平均单果重 84 克,最大单果重达 180 克;果实纵径约 5.9 厘米、横径约 5.8 厘米、侧径约 4.9 厘米;果顶圆,微凹,缝合线中深,显著,片肉不对称;梗洼中深,极广。果皮黄色,阳面红色,并有明显的朱砂点。果皮较厚,难与果肉剥离。果肉金黄色,肉质细、密、柔,纤维中等,汁中多,味浓。可溶性固形物含量达 14.5%,品质极上等。常温下可存放 5～7 天。离核或半离核、仁甜,单仁重约 0.69 克,出仁率为 23.8%。仁饱满、甜、脆、质优。生食、制脯、制干、仁用均可。果实 6 月下旬至 7 月上旬成熟,发育期约 80 天,为古老的地方品种。

树势强健,树姿半开张。雌蕊与雄蕊等高的花占 24%,雌蕊高于雄蕊的花占 27%,雌蕊低于雄蕊的花占 15%,雌蕊退化的花占 34%。萌芽率 65%,成枝率 37.5%。以短果枝和花束状果枝结果为主,适应性强,丰产性好,成年树株产 140～210 千克,为有名的地方良种。

(20)孤山大杏梅 原产于辽宁省东沟县,系地方良种,分布于辽宁、河北、山东等地。果实长卵圆形,平均单果重 53.2 克,最大单果重达 120 克;果实纵径约 4.9 厘米、横径约 4.5 厘米、侧径约 4.3 厘米;果顶尖圆,缝合线浅,片肉较不对称;梗洼深、中广。果皮橙黄色,阳面 1/3 着红色。果皮较薄,易于果肉剥离。果肉黄色,色泽一致;肉质细、密、软,纤维少,汁中多,味酸甜,有香味。可溶性固形物含量为 12.9%,品质极上等。离核、仁甜。常温下可存放 5～7 天,是优良的鲜食、加工、仁用等兼用品种。果实 7 月上中旬成熟，发育期约 80 天。

树势中庸，树姿开张。萌芽率为 56%，成枝率为 14.8%。以短果枝和花束状果枝结果为主，抗寒性强，抗旱性差，较丰产。

(21)红金榛 原产于山东省招远市。果实近圆形，平均单果重 71 克，最大单果重达 167 克；果实纵径约 5.3 厘米、横径约 5 厘米、侧径约 4.9 厘米；果顶圆，缝合线浅，片肉较对称；梗洼深、中广。果皮橙红色，阳面有红晕，光洁美观。果肉橙红色，肉质较细，汁多，味酸甜，有香气。可溶性固形物含量为 13.9%，品质上等。离核、仁甜、饱满，成仁率达 95%以上。适于制脯、制罐，出脯率可达 25.8%，由此杏制成的杏脯、杏罐头皆为优质产品，是国内优良的鲜食、加工、仁用等兼用品种。果实 7 月上旬成熟，发育期约 90 天。

树势强壮，树姿开张，萌芽率和成枝率均高，以短果枝结果为主。适应性较强，抗寒、抗旱、丰产。一般定植 3 年开始结果，10～20 年生树株产 90～150 千克。

(22) 阿克西米西 产于新疆维吾尔自治区库车县。果实长卵圆形或椭圆形，平均单果重 20.2 克；果实纵径约 3.5 厘米、横径约 2.9 厘米、侧径约 3 厘米；果顶平，缝合线浅，显著，片肉对称；梗洼中深、窄。果皮白色或绿白色，阳面无彩色，无茸毛，蜡质层明显，有光泽，不易剥离。果肉黄白色或绿白色，肉质细、致密，纤维少，汁中多，味甜微酸，有香气。可溶性固形物含量为 19%，离核、仁甜。6 月中旬成熟，是优良制干品种，可整果不去皮加工成罐头，外观色泽美观，品质佳，为鲜食、加工、仁用等兼用品种。

树势强健，树姿半开张，呈半圆形。萌芽率为 72%，成枝率为 26%。以短果枝和花束状果枝结果为主。适应性强，抗寒、耐旱、耐瘠薄，丰产性好。

(23)关爷脸 原产于河北省。果实扁卵圆形，平均单果重 66.4 克，最大单果重达 79 克；片肉不对称。果皮橙黄色，阳面鲜红。果肉橘黄色，肉质致密，汁中多，纤维少，甜酸适口，品质上等。半离核、仁甜。较耐贮运，常温下可存放5～7天。果大色美，由此制成的杏罐头、杏脯等加工品，色、香、味俱全，品质佳，是鲜食、加工、仁用兼用品种，可大面积推广栽培。果实发育期约75天，为中熟地方良种。

树势强，树姿直立，萌芽率为49.3%，成枝率为55%。此品种分布较广，适应性、抗寒、抗旱能力均强。

(24)克孜尔苦曼提 主产于新疆维吾尔自治区库车县。果实长圆形，缝合线较深，平均单果重27.8克。果面、果肉均为橘红色，果面光滑无毛，果肉厚，质软，味甜，品质上等。离核、仁甜，种仁肥大。主要用于制干，著名的“包仁杏干”即为本品所制，亦可鲜食。果实6月下旬成熟。

树势强健，树姿直立，枝条密集，柔软。易成花，坐果率高，丰产性强，为优良的制干和仁用品种。

(25)意大利1号杏 又名泰林托思(TYRINTHOS)，自意大利引进。小型果，平均单果重39克，最大单果重达54克。果实近圆形，果皮较厚，橘黄色。果肉较韧，稍有纤维，汁液中多，香甜。可溶性固形物含量为14%。半离核、仁苦。果实6月上中旬成熟，耐贮运，是优良的鲜食、加工兼用品种。

树势强健，树姿开张，树冠呈半圆形。萌芽率高，成枝率低，树冠内枝条稀疏，层性明显。枝粗壮，节间短，节部叶柄痕处稍膨大突起。易成花，结果早，极丰产。适应性强，在黏土、沙土、碱性土上均能生长结果。

(26)大棚王 山东省果树研究所1993年引入，属于欧洲生态群品种。果实特大，平均单果重120克，最大单果重达200克，果实长圆形或椭圆形，果形不正，缝合线一侧中深，明显，一侧近于无；果梗粗而短，采前不落果。梗洼深而广，果顶稍凹，一侧常突起。果面较光滑，底色橘黄色，阳面着红晕。果皮中厚。果肉黄色，肉厚，可食率高达96.9%。离核、核小、仁苦。肉质细嫩，纤维较少，多汁，香气中等，风味甜品质中上等。可溶性固形物含量为12.5%，可溶性糖含量为10.7%，可滴定酸含量为1.13%。6月初果实成熟，抗裂果。

树姿半开张，树势中庸健壮。萌芽率、成枝率中等，各类果枝均能结果，以短果枝结果为主，成龄树短果枝占果枝总量的85%以上，中长果枝和花束状果枝占15%左右。花器发育完全，退化花比例少，需配置授粉树。易成花，花量大，坐果均匀，易立体结果，产量高。

(27)三原曹杏　产于陕西省三原县和泾阳县。果实斜阔圆形，平均单果重71.8克，最大单果重达110克；果实纵径约5厘米、横径约5.1厘米、侧径约4.9厘米；果顶凹，花柱残存，缝合线浅、广，片肉对称，梗洼浅、广。果皮黄色，阳面着红色；果肉橙黄色，肉质细，致密，柔软，汁多，味甜、浓香，品质极上乘。可溶性固形物含量为10.4%，维生素C含量为4.3毫克/100克，可溶性总糖含量为7.1%，果胶含量为0.7%。黏核、仁甜、饱满。果实6月上旬成熟，发育期约70天，该品种丰产，为著名的鲜食杏，亦可加工成杏制品。

树冠自然圆头形。多年生枝为暗紫色，树冠2.4米×2.5米，干周约21厘米。新梢平均长75.5厘米，直径为1厘米。萌芽率为44%，成枝率为70%。以中、短果枝结果为主。抗旱、抗寒、结实力强，果实大，风味独特。

(28)白水杏　产于山西省万荣县。果实圆形，平均单果重45克，果实纵径约4.5厘米、横径约4.4厘米、侧径约4.1厘米；果顶平或微凹，缝合线浅且明显，片肉不对称，梗洼深、中广。果皮底色绿白，阳面有粉红晕并有红色斑点，果面光滑，皮薄，不易剥离。果肉黄白色，肉质细软，纤维少，汁液多，味甜清香，品质极上乘。可溶性糖含量为7.2%、总酸含量为1%；离核、仁甜而饱满。果实6

月中旬成熟。

树冠自然圆头形，树姿开张。以花束状果枝结果为主。适应性强，产量高而稳定，果形整齐，是鲜食、加工、仁肉兼用的优良品种。

(29)沙金红杏 产于山西省清徐县边山一带。果实扁圆形，平均单果重45克，最大单果重达65克；果实纵径约4.4厘米、横径约4.5厘米、侧径约4.4厘米；果顶平，微凹，缝合线浅且广，片肉对称；梗洼深、中广，圆形。果皮底色橙黄色，阳面鲜红色或紫红色；果面较光滑。果肉橙黄色，肉厚，质细，致密，有粗纤维，汁多，味酸甜，品质上等。可溶性固形物含量为13.6%，可溶性总糖含量为8.3%，总酸含量为1%，半离核、仁苦。果实外观美丽，较耐贮运，晚熟，鲜食品种。

树势中庸，树姿开张。萌芽率为53%，成枝率为44%。以花束状果枝结果为主。适应性强，较丰产。

(30)串枝红杏 产于河北省巨鹿、广宗、威县、平乡等地。果实卵圆形，平均单果重52.5克，最大单果重达85克；果实纵径约5厘米、横径约4.7厘米、侧径约4.61厘米；果顶微凹，缝合线浅且明显，片肉不对称；梗洼深且窄。果面底色橙黄，阳面具紫红晕。果肉橘黄色，肉质硬脆，纤维细少，液汁少，味酸甜。含可溶性固形物含量为11.4%，可溶性糖含量为7.1%、可滴定酸含量为1.6%、维生素C含量为9.1毫克/100克，离核、仁苦。果实6月底成熟。果个大，外观美，耐贮运，果实加工性能好，适于制糖水罐头和杏脯，是鲜食和加工兼用的优良品种。

树势中强，树姿开张。萌芽率为44%，成枝率6%。以花束状果枝结果为主。适应性强，极丰产，稳产。

(31)杨继元杏 产于山东省崂山县，为当地的主栽品种之一。果实卵圆形，平均单果重53克，最大单果重达80克；果实纵径约5.4厘米、横径约4.8厘米、侧径约4.3厘米；果顶尖，柱头残留明显,缝合线浅且明显,片肉不对称;果梗中深,狭,圆形。果皮底色黄绿,阳面着紫红色,有少量紫色斑点;皮薄,难剥离。果肉黄绿色,肉质松软,细,汁多,味甜酸,有香气。可溶性固形物含量为14%,可溶性总糖含量为8%,总酸含量为1.6%,离核、仁苦。果实6月下旬成熟。果实外观美丽,品质中上等,极丰产,不耐贮运,适于在城市近郊发展的优良鲜食杏。

树势中庸,树姿开张。萌芽率为32%,成枝率为55%。以中短果枝结果为主。

(32)临潼银杏 又名大银杏,产于陕西省临潼区。果实圆形,平均单果重70克,最大单果重达100克;果实纵径约5.8厘米、横径约5.4厘米、侧径约5.3厘米;果顶平,缝合线浅且广,片肉对称;果梗洼深、中广。果面淡乳黄色,阳面着红色;果肉橙黄色,肉质细,松软,纤维少,汁多,酸甜,味浓,可溶性固形物含量为14%,半离核、仁甜,品质上等。果实发育期为75天,6月中旬成熟。果实较大,是优良的鲜食品种。

树势强健,树冠紧凑,半开张。萌芽率为56%,成枝率32%。以中短果枝结果为主。适应性强,丰产,宜在平地和土层深厚的山地栽培。

(33)二转子杏 又名大银杏,产于陕西省礼泉县赵镇。果实扁圆形,平均单果重100克,最大单果重达180克;果实纵径约5.7厘米、横径约5.8厘米、侧径约5.5厘米;果顶平或微凹,缝合线浅且平,片肉不对称;果梗细、长,果皮底色绿黄,果面淡黄色,有紫红色斑点;果面较光滑,皮不易剥离。果肉厚,橙黄色,肉质致密、细软,纤维较多,汁多,酸甜味浓,有香气。可溶性固形物含量为11.3%,可溶性总糖含量为7.1%,总酸含量为0.9%,黏核、仁甜,品质上等。果实6月中旬成熟。果实极大,外观美,耐贮运,

树势强健,树姿半开张。萌芽率为59%,成枝率为51%。以中短果枝结果为主。树势强,对风、霜等灾害有相当抵抗能力,丰

产性好，是极有发展前途的大果型鲜食品种称号。

(34)石片黄 原产于河北怀来县。果实阔圆形，平均单果重30.8克，最大单果重达40克；果实纵径约3.5厘米、横径约3.6厘米、侧径约3.6厘米；果顶平，缝合线浅且广，片肉较对称；果梗洼中深、中广，近圆形。果皮暗黄色，阳面有红晕。果肉橙红色，质细硬韧，纤维少，汁中多，味酸甜，有香气。可溶性固形物含量为13.5%，可溶性总糖含量为8.1%，总酸含量为1.1%。离核、仁甜。7月上旬成熟。果肉硬韧，香气浓，制杏脯质量较佳，品质上等，是优良的鲜食、加工品种。2003年获得农业部优质农产品开发服务中心举办的全国鲜食杏优良品种称号。

树势中庸，树姿开张。萌芽率为75%，成枝率为31%。以中短果枝和花束状果枝结果为主，结果枝寿命为3～8年。适应性强，较丰产。

7. 李有哪些优良品种？

(1)大石早生 原产自日本，1939年日本福岛县伊达郡大使俊雄氏育成，为福摩萨李(台湾李)自然杂交的后代。1981年上海市农业科学院园艺研究所从日本引入我国。现在分布于辽宁、河北、河南、、山东、江苏、上海、浙江、福建、广东、陕西、甘肃、新疆和宁夏等地。果实卵圆形，平均单果重49.5克，最大单果重达106克；果实纵径约4.5厘米；果顶尖，缝合线较深，片肉对称。果皮底色黄绿，着鲜红色；果皮中厚，易剥离；果粉中厚，灰白色。果肉黄绿色，肉质细，松软，果汁多，纤维细、多，酸味甜，微香。可溶性固形物含量为15%，可溶性总糖含量为7.49%，蛋白质含量为1.87%，脂肪含量为1.48%，每100克果肉含氨基酸总量为885毫克、维生素C为8.16毫克，总酸含量为1.07%，单宁含量为0.5%。黏核、核较小。可食率达98%以上。鲜食品质上等。果实常温下可贮放7天左右。

树势强。萌芽率为85.1%,成枝率为35.7%。以短果枝和花束状果枝结果为主。3年生树开始结果,4～5年进入盛果期,5年生树最高株产达84.1千克。自花不结实,栽培时须配置授粉树,适宜的授粉品种有美丽李、香蕉李、小核李等。大石早生李抗旱、抗寒能力强。该品种幼树生长旺盛,初果期坐果率较低,生产上应注意采用化学控制措施,促进树体枝类组成的转化。大石早生李在我国有着广泛的适应性,以其早熟和品质优良深受栽培者和销售者欢迎,是色、形、味俱佳的优良极早熟品种。

(2)意二(Ruth Grestetter) 原产自德国,为欧洲李的栽培品种,1990年从意大利引入。果实椭圆形,平均单果重41克,最大单果重达49克;果顶平,缝合线浅,片肉对称。果皮蓝色,中厚,易剥;果粉薄,白色;果肉淡黄色,质松软,纤维少,汁多,味甜酸。可溶性固形物含量为13.2%,可溶性总糖含量为10%,总酸含量为0.86%,离核。常温下果实可贮放3～5天。

树势强。3年后开始结果,以花束状果枝结果为主。采前落果轻,与中国李、毛樱桃、毛桃、榆叶梅均可嫁接,亲和良好。抗病、抗寒、抗旱性强。该品种是目前引入我国的欧洲李品种群中成熟最早的,品质优良、适应性强、丰产性稍差、果实中等大小。用以丰富极早熟李品种,早上市,售价高。

(3)莫尔特尼 莫尔特尼为美洲李系统品种,1991年由山东省农业科学院果树研究所引入我国。现分布于山东、河南、河北、北京等地。果实中大,近圆形,平均单果重4.2克,最大单果重达123克;果顶尖,缝合线中深而明显,片肉对称;果柄中长,梗洼深狭。果面光滑而有光泽,果点小而密;底色为黄色,近果皮处有红色素,不溶质,肉质细软,果汁中少,风味酸甜,单宁含量极少,品质中上等。可溶性固形物含量为13.3%,可溶性总糖含量为11.4%,可滴定酸含量为1.2%,糖酸比为9.5∶1。果核中大,椭圆形,黏核。

树势中庸，分枝较多。幼树生长稍旺，枝条直立，结果枝分枝角度大，萌芽率为91.4%，成枝率为12%；以短果枝结果为主，中长果枝坐果很少。在自然授粉条件下，全部坐单果，坐果率较高，需进行疏花疏果，栽培上可配置索瑞斯、密斯李等品种作为授粉树。幼树结果较早，极丰产，在正常管理条件下3年结果，4年丰产。3年生结果株率可达50%，平均株产8.7千克，4年生平均株产38.6千克。该品种适应性广，抗逆性强，抗寒、抗旱、耐瘠薄，对病虫害抗性强。

(4)长李15号 吉林省长春市农业科学院园艺研究所用绥棱红李与美国李杂交育成，1993年鉴定命名，现分布在吉林、黑龙江、辽宁、北京和甘肃等地。果实扁圆形，平均单果重35克，最大单果重达65克；果顶略凹，缝合线较深，片肉对称。果皮底色绿黄，成熟前由浅红色渐变成深红色，成熟果果色鲜红、艳丽，果粉厚、白色。果肉浅黄色，肉质致密，纤维少，汁多味香，酸甜适口。可溶性固形物含量为14.2%，可溶性总糖含量为8.24%，总酸含量为1.09%。离核，品质上等，较耐贮运。

树势较强，萌芽率为88.2%，成枝率为21.3%，以花束状果枝和短果枝结果为主。栽后2年开始结果，3年进入初果期，4～5年进入盛果期，株产可达20千克，早期丰产性强。该品种抗逆性较强，是抗寒性强的优良品种。

(5)美丽李 又名盖县大李，原产自美国，20世纪50年代传入我国，属于中国李的一个品种。现分布于辽宁、河北、河南、山东、山西、陕西、云南、贵州、广西、内蒙古等地。果实近圆形或心形，平均单果重87.5克，最大单果重达156克；果顶尖或平，缝合线浅，但达梗洼处较深，片肉不对称。果皮底色黄绿，着鲜红色或紫红色，皮薄，充分成熟时可剥离；果粉较厚，灰白色；果肉黄色，质硬脆，充分成熟时变软，纤维细而多，汁极多，味酸甜，具浓香。可溶性固形物含量为12.5%，可溶性总糖含量为7.03%，其中每

100 克果肉中含果糖 29.2 毫克、山梨糖 253.9 毫克、葡萄糖 38.9 毫克、山梨醇 307.7 毫克，总酸含量为 1.2%，单宁含量为 0.09%。黏核或半离核，核小。种仁小而干瘪，可食率为 98.7%，鲜食品质上等，在常温下果实可贮放 5 天左右。

树势中庸，萌芽率为 74.6%，成枝率为 19.5%。栽后 2～3 年开始结果，4～5 年进入盛果期，自花不结实，需配置授粉树，适宜的授粉品种有大石早生李、跃进李、绥李 3 号等。该品种抗旱、抗寒能力均较强，一般年份在冬季－28.3℃的情况下无冻害。该品种果实大，外观鲜丽，鲜食品质较好，是一个优良的品种。缺点是抗病能力弱。

(6)绥棱红　又名北方 1 号，黑龙江绥棱浆果研究所关述杰等，用小黄李与福摩萨李杂交育成，1976 年通过鉴定命名，分布于黑龙江、吉林、河北、内蒙古、宁夏、山东、新疆、北京等地。果实圆形，平均单果重 48.6 克，最大单果重达 76.5 克；缝合线浅，片肉不对称。果皮底色黄绿，着鲜红色或紫红色，果点稀疏，较小，皮薄，易剥离；果粉薄，灰白色；果肉黄色，质细，致密，纤维多而细，汁多，味甜酸，浓香。可溶性固形物含量为 13.9%，可溶性总糖含量为 8.34%，100 克果肉中含木糖 1.32 毫克、果糖 163.7 毫克、蔗糖 2 106.3 毫克，果肉内单宁含量为 0.17%，总酸含量为 1.21%。黏核、核较小、种仁饱满，可食率为 97.5%，在常温下果实可贮放 5 天左右。

树势中庸，萌芽率为 92.3%，成枝率为 34.2%。栽后 3 年开始结果，4～5 年进入盛果期，4 年生最高株产可达 50.1 千克。该品种自花不结实，需配置授粉品种，最适宜的授粉品种有绥李 3 号和跃进李。该品种抗寒和抗旱能力强，在冬季－35.6℃低温下可安全过冬。该品种是优良的鲜食品种，丰产性强，适应性广，成熟期早，对栽培技术要求不严格。

(7)早生月光　原产自日本，1984 年辽宁省农业科学院果树研究所邱毓斌等从日本引入。果实卵圆形，平均单果重 69.3 克，最大单果重达 95.9 克；果顶尖，缝合线浅，片肉不对称。果皮底色绿黄，着粉红色，皮厚不易剥离；果粉薄，灰白色；果肉黄色，质硬脆，纤维细而少，汁极多，味甜，具有蜂蜜般的香味。可溶性固形物含量为 13.4％，可溶性总糖含量为 9.9％，总酸含量为 0.91％，黏核、核小、卵圆形，近核处有空囊，种仁较饱满。可食率为 98.4％。鲜食品质上等，在常温下果实可贮放 7 天以上。

树势中庸。萌芽率为 85.4％，成枝率为 17.9％。定植后 2～3 年开始结果，5～6 年可达盛果期，10 年最高株产 50 千克。自花授粉结实率底，人工授粉可达 19.7％，最适宜的授粉品种为红肉李。抗寒和抗旱力较强，在冬季－28.3℃低温下，能安全越冬；该品种为淡黄色鲜食品种，果面光泽，外观美丽，丰产性好，适应性广，但对栽培技术要求较高，是一个有待开发的优良品种。

(8)美国大李　原产自美国。原名及引进中国的时间不详，现分布于北京、河北和辽宁等地。果实圆形，平均单果重 70.8 克，最大单果重达 110 克；果顶凹陷，缝合线较浅，片肉对称。果皮底色黄绿，着紫黑色，皮薄；果粉厚，灰白色；果肉橙黄色，质致密，纤维多，味甜酸。可溶性固形物含量为 12％，可溶性总糖含量为 6.25％，总酸含量为 1.12％，单宁含量为 0.13％。离核、核长圆形。可食率 98.1％，品质上等，常温下可贮放 8 天左右。

树势较强，1 年生枝黄白色，萌芽率为 52％，成枝率为 8％。以短果枝和花束状果枝结果为主。3～4 年生树开始结果，5～6 年进入盛果期，采前落果轻。抗寒、抗旱性较差，抗细菌性穿孔病能力较弱。该品种果实较大，外观美丽，是鲜食的优良品种，也可加工制脯或制罐头。开花期较晚，因此须选择晚花品种为授粉树。

(9)神农李　原产自湖北省随州市，是当地特有品种，栽培历史悠久。因随州是炎帝出生的地方，故 1991 年地方政府将其更名为神农李。现分布于湖北省安居、新街、长岗、唐河和尚市等乡镇。

果实近扁圆形，平均单果重 82.8 克，最大单果重达 100 克；果顶微凹，缝合线浅，片肉对称。果皮紫红色；果粉厚，灰白色；果肉淡黄色，质硬脆，纤维少，汁多，味酸甜，具浓香。可溶性固形物含量为 10％～11％，可溶性总糖含量为 7.9％～8.6％，还原糖含量为 6.8％～6.9％，总酸含量为 1.07％，维生素 C 含量为 0.78～1.07 毫克/100 克。离核，核小，椭圆形。鲜食品质上等，可食率 96％，常温下果实可贮放 10～15 天。该品种果实较大，外观美丽，品质上等，耐贮运，在良好的栽培管理条件下，可获早期丰产，是值得各地引种试栽的品种。

(10)帅李(又名串子) 原产自山东省沂源县和沂水县。果实圆形或卵圆形，在原产地平均单果重 70 克，最大单果重达 100 克；果顶圆，缝合线浅，片肉对称。果皮底色黄绿，着紫红色或暗紫红色，皮厚、韧，难剥离；果粉中厚；果肉淡黄色，质致密，细软，纤维少，汁中多，味甘甜。可溶性固形物含量为 16％，可溶性总糖含量为 11.2％，总酸含量为 1.57％，维生素 C 含量为 4.57 毫克/100 克。黏核，可食率 97.1％，鲜食品质上等。在常温下果实可贮放 10 天左右。

树势强健。以短果枝结果为主，果枝连续结果能力强。3 年生树开始结果，10 年生树株产可达 100 千克，极丰产。该品种树势强健，丰产，稳产，果实较大，品质优良，并较耐贮运，是很有开发前途的优良品种，果实除供鲜食外，还可以供制罐头用。

(11)大石中生 原产自日本，日本福岛县大石俊育成，1974 年定名。1985 年辽宁省果树科学研究所邱毓斌等从日本引入。近年来，在辽宁、河北、河南、山东、四川、北京等地引种试栽，表现良好。果实短椭圆形，平均单果重 65.9 克，最大单果重达 84.5 克；果顶尖，缝合线浅，片肉较对称。果皮底色绿黄，阳面着鲜红色。果皮薄，不易剥离；果粉较薄，灰白色；果肉淡黄色，质硬脆，纤维细而小，汁多，味甜酸，具浓香。可溶性固形物含量为 13％，可溶性总糖含量为8.28%，总酸含量为0.95%，维生素C含量为5.32毫克/100克。黏核，核较小，种仁较饱满。可食率97.8%，鲜食品质上等，在常温下果实可贮放5～7天。

树势中庸，萌芽率为82.1%，成枝率为17.1%。2～3年生树开花结果，5～6年可进入盛果期，8年生树最高株产达50千克。自花不结实，人工授粉结实率可达19.8%，最适宜的授粉品种为美丽李。抗寒和抗旱能力较强，在冬季－28.3℃的低温下，不发生冻害，与李和毛樱桃均可嫁接，亲和力好，较抗细菌性穿孔病。该品种是中熟鲜食品种，丰产性好，果实较大，外观鲜艳，除鲜食外还可以加工罐头、李脯等。该品种适应性强，对栽培技术要求较高。

(12)长李84号 1981年长春市农业科学院果树研究所方玉凤等用跃进李与西瓜李杂交培育而成。1993年通过鉴定，现分布于黑龙江，吉林、辽宁、甘肃等地。果实卵圆形，平均单果重42.5克，最大单果重达59克；果顶圆，缝合线平，片肉对称。果皮底色淡绿，着红色，表面果点明显，黄褐色，皮厚，易剥离；果粉中厚，白色；果肉红色，质松脆，纤维中，汁多，味甜，浓香。可溶性固形物含量为12%，可溶性总糖含量为7.9%，总酸含量为1.2%。离核。鲜食品质上等，在常温下果实可贮放8天左右。

树势强，萌芽率为93.9%，成枝率为21%。栽后3～4年开始结果，5～6年进入盛果期，单株产量约30千克。以短果枝和花束状果枝结果为主。与本砧嫁接亲和力最好，也可与毛樱桃嫁接。采前落果中等，抗寒性强，抗红点病和蚜虫。该品种系我国培育的晚熟红肉型品种。适应性强，抗寒、抗病、丰产；果实外观美丽，浓香，品质上等。适宜鲜食和加工果汁等。

(13)红心李 又名大青皮、夫人李、嘉应子、花皮李、太平果李，主产浙江省诸暨、东阳等地。除浙江外，在江苏、安徽、江西、福建、湖南等地也广为栽培，是我国南方李的主栽品种之一。果实近扁圆形，平均单果重50克，最大单果重达70克；果顶圆或微凹，缝合线浅，片肉不对称。果皮底色绿色，因果肉红色透出，果面有1/2为暗红色，果点大小中等，果皮中厚，易剥离；果粉厚，灰白色；果肉鲜红色，近核部分呈紫红色，红色从核处呈放射状向果肉渗透，肉质致密，纤维少，甜味浓，微酸，微香。可溶性固形物含量为9%，可溶性总糖含量为7.5%，总酸含量为0.73%。黏核，核椭圆形。可食率98%，鲜食品质上等，硬熟期可加工蜜饯，在常温下果实可贮放15天左右。

树势强，萌芽率为80%，成枝率为19%。3年生树开始结果，5年生进入盛果期，平均株产20千克，最高株产50千克。经济寿命20年左右。自花结实率低，以黄蜡李为授粉树，砧木以毛桃为主。抗旱力强，抗寒力中等，花期易遭遇晚霜危害。该品种适应性广，易栽培，进入结果期早，果点较大，品质上等。为鲜食与加工兼用品种，是加工嘉应子的重要原料。

(14)玉黄李 又名御皇李、郁黄李，原产自山东，是山东栽培历史比较悠久的地方品种之一。据史料记载，曾用作皇帝的贡品而得名。主要分布在山东聊城、夏津、潍坊等地，河北、河南、安徽和江苏的北部等地也有栽培。果实近圆形，平均单果重60克，最大单果重85克以上；果顶圆或微凹，缝合线浅，片肉对称。果皮黄色；果粉厚，银灰色；果肉黄色，细腻，纤维少，汁中多，微甜，微酸，香气浓。可溶性固形物含量为10%～14%，可溶性总糖含量为11.6%，总酸含量为10.3%。离核，核小。可食率97.4%，品质上等，常温下果实可贮放10天以上。

树势中庸或较弱，树姿开张。以短果枝和花束状果枝结果为主，丰产。萌芽率高，成枝率低。抗细菌性穿孔病，抗旱、抗寒力强。该品种分布较广，适应性强，结果枝连续结果能力强，丰产，稳产，是鲜食与加工兼用的优良品种。

(15)黑琥珀 原产自美国，用佛瑞尔与玫瑰皇后李杂交育成。1985年由辽省科学技术委员会、王尊伍等从澳大利亚引入。现分布于辽宁、山东、河北、河南、北京等地，在西北及南方一些地区也引种试栽。果实扁圆形，平均单果重 101.6 克，最大单果重达 158 克；果顶稍凹，缝合线浅且不明显，片肉对称。果皮底色黄绿，着紫黑色，皮中厚，果点大，明显；果粉厚，白色；果肉淡黄色，近皮部有红色，充分成熟时果肉为红色，肉质松软，纤维细且少，味酸甜，汁多，无香气。可溶性固形物含量为 12.4%，可溶性总糖含量为 9.2%，可滴定酸含量为 0.85%，单宁含量为 0.18%。离核。可食率 98%～99%，品质中上等，常温下果实可贮放 20 天左右。

树势中庸，树姿不开张。以短果枝和花束状果枝结果为主。2～3 年生树开始结果，4 年进入盛果期，667 平方米产量超过1 000 千克，单株产量 20 千克。与中国李、毛樱桃、榆叶梅嫁接亲和力好。该品种采前落果轻，抗寒、抗旱能力较强，结果早，果实大，丰产，耐贮，鲜食品质好，也可加工制罐。但不抗蚜虫，易感染细菌性穿孔病，应选择较干旱地区发展。

(16)芙蓉李　又名夫人李、永泰李、普李、红李、福建李，原产自福建省永泰县，栽培历史有 700 余年。20 世纪 70 年代以来，其蜜饯产品化核嘉应子，畅销国内外，成为国际市场上的拳头产品。现主要集中分布于福建省永泰、闽清、福安、霞浦等地，在浙江、江西等省也有栽培。果实近圆形，平均单果重 58 克，最大单果重达 80 克；果顶平或微凹，缝合线由果顶至梗洼逐渐加深，片肉较对称。果皮底色黄绿，着紫红色；果面密布大小不等的黄色果点，果皮富有韧性，不易剥离；果粉厚，银灰色；果肉紫红色，肉质致密清脆，成熟时变软，汁多，味甜微酸。可溶性固形物含量为 12.8%，总酸含量为 0.75%。黏核或半黏核，核较大。可食率 97.8%，鲜食品质上等，在常温下果实可贮放 8 天。

树势强，栽后 3～4 年开始结果，6～8 年进入盛果期，单株产量 40～50 千克。自花可以结实。管理不当有大小年结果现象。芙蓉李适宜在比较湿润的环境下生长。以毛桃为砧木，亲和力好，生长快，结果早。以梅为砧木，亲和力差，生长慢，结果晚。该品种栽培历史悠久，适应性强，丰产、品质上等，是福建省主栽的加工与鲜食兼用的优良品种。

(17)里查德早生 原产自美国，系欧洲李的栽培品种。1985年沈阳农业大学傅望衡教授从美国引入。果实长圆形，平均单果重41.7克，最大单果重达53克；果顶凹，缝合线浅，片肉不对称。果皮底色绿，着蓝紫色，皮厚；果粉灰白色，质硬脆，纤维多，味酸甜，汁多，微香。可溶性固形物含量为14.5%，可溶性总糖含量为6.95%，总酸含量为0.84%。离核，核长椭圆形。可食率96.5%，品质中等，常温下果实可贮放10天左右。

树势强，萌芽率为72%，成枝率为14%。3年生树开始结果，7～10年进入盛果期，单株产量40千克左右，以短果枝和花束状果枝结果为主。该品种果实外形独特，在美国多用来加工李脯。是欧洲李中抗旱性较强的优良品种，花期比一般品种晚1周，能避开李实蜂的为害。

(18)绥棱3号 黑龙江省绥棱浆果研究所从寺田李自然杂交实生苗中选出，1983年通过黑龙江省农作物品种审定委员会审定并命名。现分布于黑龙江、吉林、内蒙古和新疆等地，是黑龙江省的主栽品种。果实扁圆形，平均单果重41克，最大单果重达108克；果顶平，缝合线浅，不明显，片肉对称。果皮底色绿黄，着鲜红色，皮厚，易剥离；果粉中厚，白色，果实小；果肉黄色，质松脆，纤维细小，汁多，味甜酸，经后熟有香味。可溶性固形物含量为12.13%，可溶性总糖含量为5.99%，总酸含量为1.59%，单宁含量为0.13%. 每100克果肉含果糖164.5毫克、山梨糖292.3毫克、葡萄糖1 300毫克、山梨醇296.5毫克、蔗糖1 975毫克，不含阿拉伯糖、木糖。黏核，核椭圆形。可食率96.7%，品质中上等，常温下果实可贮放7～10天。

树势中庸，2年生树开始结果，5～7年进入盛果期，7年生株产可达60千克。以花束状果枝和短果枝结果为主。除在黑龙江省和新疆北部外，在其他地区栽培均有裂果现象，但随树龄增大，裂果现象减轻。与本砧嫁接亲和最好，与杏砧嫁接不亲和，可以与毛樱桃、毛桃、榆叶梅嫁接。抗寒性强，是抗寒育种好亲本，不抗细菌性穿孔病。该品种抗寒性强，极为丰产，稳产，品质较好，但裂果严重，除在黑龙江省和新疆维吾尔自治区外，其他地区可作为加工品种发展，是制作李酱的优质原料。

(19)幸运李 果实椭圆形，平均单果重110克，最大单果重达180克；果顶尖，果柄长，缝合线浅，片肉对称。果面着色前期呈艳红色，成熟时呈紫红色，果皮厚，易剥离；果肉黄色，肉质硬，纤维少，果汁较多，味甜，清香。可溶性固形物含量为12.5%，品质极上等。离核，核极小。可食率高达97%。

树势中庸，幼树树姿较直立，结果后开张。定植后第二年开花株率可达30%，第三年全部结果，高接枝条第二年即可结果。以中短果枝和花束状果枝结果为主，自然结实，坐果率高达80%，须严格疏果。砧木可用毛桃或毛樱桃。授粉品种可用龙园秋李、牛心李等。该品种特点是早果、丰产、优质。

(20)龙园秋李 又名晚红、龙园秋红，黑龙江省农业科学院园艺研究所以九三杏梅与福摩萨李杂交育成。1997年通过黑龙江省农作物品种审定委员会审定，并命名。目前，除黑龙江省外，在吉林、辽宁、内蒙古、河北、新疆、北京等地开始大面积种植。果实扁圆形，平均单果重76.2克，最大单果重达110克；果顶平或微凹，缝合线浅且明显。果皮底色黄绿，着鲜红色；果粉中多，果点大而明显；果肉黄色，质致密，纤维少，多汁，味酸甜，微香。可溶性固形物含量为14.8%～16%，可溶性总糖含量为5.23%，总酸含量为0.99%，维生素C含量为8.22毫克/100克。半离核，核小。可食率98.2%，品质上等，在常温下果实可贮放15天左右，土窖可贮放至元旦。

树势强壮。萌芽率为86%,成枝率为11.7%。以短果枝和花束状果枝为主,2年生树开始结果,5年即有相当的产量,4年生树平均株产17.5千克,最高株产34千克。自花不结实,栽植时必须配置授粉品种,授粉品种以长李15号、绥棱红、跃进李、绥李3号等为好。采前不落果,不裂果,抗寒、抗红点病。该品种系东北地区在绥李3号之后的又一代优良品种,与绥李3号比较,极丰产,果个大,晚熟,抗寒性基本一致,但在各地栽培不裂果是主要优点。果实较耐贮放,极有发展前途。

(21)耶鲁尔 原产自美国,属欧洲李的栽培品种。1985年沈阳农业大学傅望衡教授从美国引入。目前,在辽宁、河北、北京、河南、江苏、山东、湖北、福建、广东等地开始引种试栽。果实椭圆形,平均单果重51.1克,最大单果重达67.5克;果顶凹,缝合线由果顶至梗洼逐渐加深,片肉不对称。果皮底色绿,着紫红色,密布大小不等的黄褐色果点,果皮厚,易剥离;果粉厚,灰白色;果肉黄绿色,质硬脆,细而致密,纤维较粗但少,汁多,味甘甜,具浓香。可溶性固形物含量为17.5%,可溶性总糖含量为9.1%,总酸含量为0.84%,维生素C含量为3.3毫克/100克。离核,核大,核长圆形。可食率97.2%,鲜食品质极上等,在常温下果实可贮放10天以上。

树势中庸,主干及大树灰白色,1年生枝紫红色。萌芽率为69%,成枝率为35%。以短果枝结果为主,3～4年生树开始结果,7～8年进入盛果期,10年生树株产40千克左右。自花结实率为4.6%,人工授粉结实率可达35.7%,最适宜的授粉品种有甘李、冰糖、晚黑等。与中国李嫁接亲和,但有小脚现象,可与毛樱桃、毛桃嫁接,与山杏嫁接亲和力差。抗寒与抗旱能力较差,抗细菌性穿孔病能力强,不抗红点病,易受早蚜虫为害。该品种在美国栽培历史较久,引入我国时间不长,是优良的晚熟品种,也可加工制脯或罐头。对栽培技术要求较高,丰产。辽宁中部是其栽培的北界。

(22)大玫瑰 原产自欧洲,属欧洲李的栽培品种。现分布于山东、河北、河南、辽宁等地,福建省和宁夏回族自治区银川市等地也引种试栽,表现良好。果实卵圆形,平均单果重53.7克,最大单果重达74.5克;果顶平或微凹,缝合线浅,片肉较对称。果皮底色绿黄,着鲜红色,果点黄色,小而疏;果皮富有韧性,不易剥离;果粉厚,灰白色;果肉黄色,过熟时有部分果实的果肉近核处有小部分变成黄褐色,肉质致密,汁多,纤维较粗而少,味酸甜,有香气。可溶性固形物含量为12.85%,可溶性总糖含量为7.46%,总酸含量为1.37%,单宁含量为0.29%,维生素C含量为3.7毫克/100克。离核,核大,长圆形,种仁饱满。可食率97.7%,鲜食品质上等,在常温下果实可贮放7~10天。

树势强健,较直立。萌芽率为67.2%,成枝率为23.5%。4~5年生树开始结果,7~9年进入盛果期,8年生树株产可达35.5千克。自花结实率10.7%,人工授粉结实率可达31.5%,且果个明显增大,适宜的授粉品种为晚黑和耶鲁。与中国李嫁接亲和,也可与毛桃和毛樱桃嫁接。抗病性较强。该品种在我国华北栽培历史较久,近年来在福建和宁夏等地栽培表现良好。说明除高寒地区外,适应性广。该品种丰产,晚熟,果实外形特殊,色泽艳丽,除鲜食外也是加工的良种,应加速发展。

(23)黑宝石 商品名为"布朗李",原产自美国。1985年从美国引入我国,现分布于辽宁、山东、河南、河北、山西、陕西、甘肃、新疆、湖北、福建、浙江、广东等省、自治区。果实扁圆形,平均单果重72.2克,最大单果重达127克。河北省固安县农民中专实验林场王敏引入后,在桃树上进行高接换头,筛选出了果型更大,品质更好的优系,平均单果重105克,最大单果重达252克;果顶圆,缝合线明显,片肉对称。果皮紫黑色,无果点;果粉少;果肉黄色,质硬而脆,汁多,味甜。可溶性固形物含量为11.5%,可溶性总糖含量为9.4%,可滴定酸含量为0.83%。离核,核小,椭圆形。可食率98.9%，品质上等，在常温下果实可贮放20～30天，在0℃～5℃时能贮藏3～4个月。

树势强，直立。萌芽率为82.5%，成枝率为15%。以长果枝和短果枝结果为主。栽后2年开始结果，4～5年进入盛果期。3年平均株产6.6千克。自花结实。该品种与中国李、毛桃、毛樱桃嫁接亲和力良好，抗寒性良好，抗旱性强。不抗细菌性穿孔病。该品种早果性强，极丰产，果个大，耐贮运，货架寿命长，是很有前途的优良品种。缺点是抗病力弱。

(24)澳大利亚14号 原产自美国，原名不详，1985年由王尊等人从澳大利亚引入。果实圆形，平均单果重100克，最大单果重达183克；果顶圆或微凹，缝合线浅且明显，片肉对称。果皮底色绿，着紫红色，果点灰褐色，较小，果皮较厚，充分成熟时易剥离；果粉较厚，灰白色；果肉红色，肉质致密，汁多，纤维细而少，味酸甜，微香。可溶性固形物含量为13.7%，可溶性总糖含量为7.47%，可滴定酸含量为1.05%。核小，半离核。可食率98.1%，鲜食品质中上等，在常温下果实可贮放20～30天。

该品种树势强，枝条直立，萌芽率为80%，成枝率为11.4%。3年生树开始结果，5～6年进入盛果期，6年生树平均株产可达50千克。自花授粉结实率可达20.5%，异花授粉产量更高，适宜的授粉品种有黑琥珀。以中国李、毛桃、山桃作砧木亲和力好，并且抗细菌性穿孔病能力强；以毛樱桃作砧木亲和力好，有小脚现象，单枝干易感染细菌性穿孔病，严重者会死树。该品种是极晚熟大果型优良品种，可明显推迟李果的供应期，又赶在国庆节上市，果实耐贮运，货架寿命长，很有市场竞争力。

(25)安哥里那李 是美国加利福尼亚州十大李子主栽品种之一，亲本不详。1994年引入我国，现主要分布于河北、河南、山东等地。果实扁圆形，平均单果重102克，最大单果重达178克；果顶平，缝合线浅且不明显，果柄中短，梗洼浅广。果实开始为绿色，后变为黑红色，完全成熟后为紫黑色。采收时果实硬度大，果面光滑而有光泽，果粉少，果点极小、不明显，果皮厚。果肉淡黄色，近核处果肉微红色，清脆爽口，质地致密、细腻，经后熟后，汁液丰富，味甜，香味较浓，品质极上等。果核极小，半黏核。可溶性固形物含量为 15.2%，可溶性总糖含量为 13.1%，可滴定酸含量为 0.73%，成熟期为 9 月下旬。果实耐贮存，常温下可贮存至元旦，冷库可贮存至翌年 4 月底。

树姿开张，树势稳健，具有抽生副梢特性，结合夏季修剪，当年可形成稳定的树体结构。萌芽率高，成枝率中等，进入结果期后树势中庸。以短果枝和花束状果枝结果为主，分别占结果枝量的 35.6%和 47.5%。花量大，一般坐单果，果个均匀，幼树 3 年结果，丰产性好，3 年生树平均株产 8.5 千克。该品种无论在山地还是在平原均表现生长良好，具有较强的耐旱力。硬核期较长，病虫害较轻。需置授粉树，适宜的授粉品种为凯尔斯、黑宝石、梭瑞斯。进入盛果期后应注意疏花疏果，全部留单果，以保证果个均匀。适宜的树形有开心形或自然圆头形。

(26)秋香李　2007 年 9 月通过辽宁省农作物品种审定委员会审定，是香蕉李晚熟芽变新品种。果实卵圆形，平均单果重 60.9 克，最大单果重达 100 克。果皮紫红色；半离核，核小；果肉橘黄色，肉质硬脆、爽口，汁液中多，香味浓，风味酸甜。可溶性固形物含量为 13.1%～18%，可溶性总糖含量为 9.14%，总酸含量为 1.1%，维生素 C 含量为 5.53 微克/100 克，可食率 96.4%。具有极晚熟、自花结实、丰产、稳产、外观美丽、品质优良并耐贮运等特点。

8. 现有哪些优良仁用杏品种?

(1)龙王帽　又名大扁、大扁仁、大龙王帽等，原产于河北省涿鹿、怀来、涞水等县，果实 7 月中下旬成熟，发育期 80～90 天，为著名仁用杏品种。果实长椭圆形，两侧扁，缝合线浅而明显，梗洼有3～4条沟纹；单果重20～25克，果面黄色，阳面微有红晕；果肉较薄，粗纤维多，汁少，风味酸，不宜鲜食。离核、核大，单核重约2.9克；种仁肥大饱满，香甜，单仁重0.83～0.9克，每千克约620粒，出仁率27%～30%，含蛋白质23%以上，粗脂肪58.13%。

树势强健，幼树成形快，嫁接后2～3年即进入结果期。大小年不明显，丰产性强，树体经济寿命可达70～80年。对土壤要求不严，耐寒、耐旱性强，杏仁品质优良，可在华北、西北、东北地区的山地大面积栽培。

(2)一窝蜂 又名次扁、小龙王帽，主产于河北省涿县，果实7月下旬成熟，为优良的仁用杏品种，果肉可以加工杏脯、杏酱等。果实长圆形，梗洼处有较深的沟纹3～4条；果顶较龙王帽为尖，单果重10～15克；果面黄色，阳面有红色斑点；果肉薄，粗纤维多，汁少，味酸涩，不宜鲜食。果实成熟后沿缝合线开裂。离核，出核率40%，单仁重约0.62克，每千克约1 620粒，出仁率30%～35%，仁饱满香甜，含粗脂肪59.54%。此品种结果早，易成花，极丰产，适应性强，抗寒，抗旱，适宜在偏远干旱的山区发展。

(3)超仁 辽宁省农业科学院果树研究所从龙王帽的无性系中选出。果实长椭圆形，平均单果重16.7克，果面、果肉橙黄色，肉薄、汁极少，味酸涩。离核，核壳薄，出核率41.1%。仁极大，比龙王帽增加14%，味甜。含蛋白质26%，粗脂肪57.7%。丰产、稳产，1～10年生树平均株产比龙王帽增加37.5%。5～7年生树平均株产57千克。

此品种抗寒、抗病能力均强，能耐－34.5℃～－36.3℃低温。最适宜的授粉品种为白玉扁、丰仁等。是有发展前途的抗寒、丰产、稳产、质优、仁用杏优良新品种。

(4)丰仁 从一窝蜂的无性系中选出。果实7月下旬成熟。果实长椭圆形，平均单果重13.2克，果面、果肉橙黄色，肉薄，汁极少，味酸涩，不宜鲜食。离核，出核率38.7%，仁厚、饱满，香甜，单仁重约0.89克。含蛋白质28.2%，粗脂肪56.2%。

此品种坐果率高，早果性好，极丰产。5～10年生树平均株产果实69.2千克，平均株产杏仁4.4千克，分别比龙王帽增加42%和38.5%。抗寒、抗病虫能力均强，是有潜力的仁用杏优良新品系。

(5)国仁 从一窝蜂的无性系中选出。2000年通过辽宁省农作物品种审定委员会审定，果实7月下旬成熟。果实扁卵圆形，平均单果重约14.1克。离核，干核重约2.4克，仁甜，饱满，平均干仁重0.88克，出仁率37.2%。

树势中庸，树姿开张，8～10年生树平均株产51.3千克，产仁约4.1千克，丰产性好，自花不结实。

(6)北山大扁 又名荷苞扁、黄扁子、大黄扁，主产于北京市怀柔、延庆、密云及河北赤城、滦平等地。果实7月中旬成熟，发育期约80天。果实扁圆形，单果重17.5～21.4克。果面、果肉橙黄色，汁少。离核、核较扁，中等大。仁大而薄，心脏形，味香甜，出仁率27%左右，单仁重约0.71克，每千克约1 400粒，含粗脂肪56%。

树势强健，耐旱性强，适宜土层较深厚的山坡地、梯田、沟谷中栽培，产量较高，是仁用杏发展品种之一。

(7)优一(暂定名) 河北省蔚县选育。果实圆球形，单果重9.6克，离核。平均单核干重1.7克，出核率17.9%，核壳薄；单仁平均干重0.57克，出仁率43.8%。杏仁长圆形，味香甜。叶柄紫红色，花瓣粉红色，花型较小，花期和果实成熟期比龙王帽迟2～3天，花期可短期耐－6℃的低温，丰产性好，有大小年结果现象。

(8)迟梆子杏 主产于陕西省华县。果实扁圆形，平均单果重20克。果皮浓黄色，阳面着红色并有红色斑点。果肉黄色，味甜，品质上等。离核，仁甜，种仁肥大饱满，品质佳，出仁率25%～

35%。果肉可制干,出干率达20%,为优良的仁、干兼用品种。果实6月中旬成熟,适宜山区栽培。

树势强健,树冠呈圆头形。以中短果枝和花丛状果枝结果为主。抗风、抗旱、落果少,极丰产,成龄树株产可达200～250千克。

(9)围选1号 围场县林业局选育,2007年通过河北省林木良种审定委员会审定。果实平均重13.6克(果皮绿色时),阔卵圆形,底色绿黄,阳面有红色。果肉浅黄色,肉质绵,味酸,粗纤维多,果肉适宜加工。离核,核阔卵圆形,平均单核重2.6克。种仁饱满,平均单仁重0.93克,出仁率35.7%。仁皮棕黄色,仁肉乳白色,味香甜而脆,略有苦味,杏仁食用、药用均可。花期抗寒性较强,抗杏疔能力强。

干性较强,树姿开张,树形自然圆头形。枝条萌芽力强,以短果枝结果为主,腋芽、花芽也可结果。一般栽植后3年开花结果,5年生树单株产果约25千克,单株产核7.5千克,7～8年进入盛果期。

9. 哪些杏和李品种适宜加工?

适宜加工的杏有:新世纪、金太阳、白砘轱、甘玉、山农凯新1号、山农凯新2号、玛瑙杏、旬阳荷包杏、仰韶黄杏、金皇后、巴斗杏、唐汪川大接杏、兰州大接杏、孤山杏梅、红金榛、阿克西米西、关爷脸、克孜尔苦曼提、意大利1号杏、三原曹杏、白水杏、串枝红杏、石片黄。李有:美国大李、神农李、帅李、大石中生、长李84号、红心李、玉黄李、芙蓉李、绥棱3号、耶鲁尔、大玫瑰等。

10. 杏和李树砧木有哪几种?

杏和李树砧木的种类较多。不同地区可根据当地的气候、土壤条件,选择适合当地生长的砧木繁殖苗木。根据各地多年的经验,生产上培育李、杏苗 ,常采用本砧(也称共砧)和异砧2种形式。本砧主要有山杏、蒙古杏、辽杏、西伯利亚杏、藏杏、普通杏等。异砧主要有桃、李、梅、毛樱桃等。

(1)小黄李 小黄李属中国李的半野生类型，主要分布在黑龙江省、吉林省、辽宁省的长白山脉和松花江流域。种核小而整齐，卵球形，每千克有1 400～1 600粒。嫁接与栽培李品种亲和力强，树冠较大，树体寿命长。小黄李极为抗寒，冬季可耐－40℃的低温；抗涝性强。其缺点是抗旱力弱，对种子层积的技术要求严格。如果冬季种子贮藏不当，或低温不够，不易萌发。因此，应用小黄李作砧木时，必须将采好的种子，通过后熟立即沙藏在冷凉处，或于秋季播种。李作杏砧，有轻度矮化作用，但萌蘖很多。

(2)山桃 山桃原产自山西、河北、甘肃等省。种核比毛桃小，每千克400～500粒。生长势强，与李树嫁接亲和力好，树冠高大，分枝较多，树体成形快，抗病耐寒，耐旱性强，在碱性土壤中亦能生长，是较理想的抗寒、抗碱性砧木资源。其缺点是不耐涝、寿命短。

(3)毛桃 毛桃适应性较广。在我国的长江以南、云南、贵州、四川和西北干旱地区以及河南、河北、山东等地均以毛桃作砧木。种核大，每千克200～240粒。毛桃根系发达，生长旺盛，与李树嫁接亲和力强，接后生长迅速，成形快。适合在沙质壤土栽培。缺点与山桃基本相同，但抗旱力与抗寒力较山桃弱。桃作杏砧，幼树生长较快，进入结果期早，果实品质好，对盐碱和干旱抵抗力较强，但寿命稍短。有的砧木与接穗的接合部牢固性差。

(4)榆叶梅 榆叶梅在全国各地均有栽培。种核较小，每千克3 600粒左右。生长势中庸，与李树嫁接亲和力强，树冠中庸。抗旱、抗寒，耐盐碱性强，自然资源较丰富，是新疆栽培李树的主要砧木。缺点是耐涝性差。梅作杏砧，亲和力弱，嫁接成活率低，抗寒力也差。

(5)毛樱桃 毛樱桃核小而整齐，每千克10 000～12 000粒。种子播种后出苗率高，与栽培李嫁接亲和力好，矮化效应明显。结果早，抗寒、耐旱，适应性强，我国北方各省（自治区、直辖市）均有分布。自然种源非常丰富，近年来已被东北三省试用。其缺点是抗旱、抗涝性差，嫁接后的李品种果实变小，树体寿命较短。毛樱桃作杏砧，砧穗亲和良好，有矮化作用，但果实稍偏小。

(6)山杏 耐旱、怕涝，实生苗生长快，嫁接杏成活率高，寿命长，对土壤适应性强，根癌病少，且种小仁饱，成苗率高，每千克种子800～900粒。蒙古杏、辽杏作杏砧，可提高抗旱和抗寒力，但偶尔有小脚现象，多用于内蒙古、东北等地。西伯利亚杏作杏砧不仅可提高抗旱和抗寒力，而且还有矮化现象。藏古杏抗寒力略低于西伯利亚杏，但抗旱力很强。普通杏作杏砧抗逆性较差，且变异大，砧木苗生长不整齐。

11. 种子怎样采收与保存？

用作育苗的种子，必须在果实充分成熟后再采收。采收后要及时剥去和洗净核表面的果肉，严禁堆放果实，以免造成因果实腐烂温度升高、含氧量减少，水分不易散失而烂种的现象。洗净的种核应在背阴处晾干，防止在日光下暴晒，造成种子过量失水而降低生命力。晾干的种核应放置在干燥通风的地方贮藏。

充分成熟的种核表面鲜亮，核壳坚硬、种仁饱满，剥开呈白色。若核壳发污，种仁变黄或瘪瘦，则发芽率、出苗率均低，即使出苗也不健壮，因此不宜作种子用。

12. 砧木种子怎样处理？

杏和李种核需经0℃～5℃的低温处理一段时间后，才能裂核，核内种子才能发芽。必要时当年采收的种核在0℃～4℃的低温下贮藏1个月后，播于温室，当年种子也可萌发并能成苗。目前，生产上主要是利用冬季自然低温进行种核处理。种核是否裂口是保证种子发芽的关键，采用人工破壳技术也可促使种子发芽。

几种种子处理的具体方法分别如下。

(1)层积沙藏 准备春播的种核,应于冬季进行沙藏。方法是将种核用清水浸泡3～4天(浸泡时搅拌、漂洗除去杂物及瘪核,浸泡过程中换水1～2次),然后按种核与湿沙1∶3的比例混拌。湿沙含水量为60%～70%,即用手握成团,松手后散开为宜。混拌好的种核埋在背阴的土坑里或其他容器中。沙藏坑深度应根据当地冻层厚度而定,种核埋在冻层中较好,过深起不到低温层积作用,过浅种子易提前萌芽,播时胚根、胚芽长宜受损而影响出苗率。沙藏坑应注意防鼠,可在四周用细眼铁丝网罩住,或投放毒饵。若种核量大,可在坑内直插几束秫秸把(或草把),以利于通风散热,防止种子发霉。沙藏过程中应检查1～2次,及时拣出霉烂种核,并掺入少许干沙,以降低湿度,当有大部分种核裂开种仁露白时,即可取出播种。沙藏时间视砧木种类而异,在0℃～5℃条件下,杏核30～50天即可,桃核需60～90天。

(2)开水处理 来不及沙藏时,可将种核在播种前20天左右用开水烫种,不断搅动,待水凉后浸泡1～2天,捞出后堆放在背风向阳的(气温在20℃～25℃)地方,上盖草袋或麻袋,保温保湿。前期每隔1～2天洒1次水,后期每天洒1～2次水,并经常翻动。待种核裂口,即可播种。

(3)破核催芽 在播种前10天左右,将种核砸开(种皮不可碰破),取出种仁,用清水浸泡1～2天,再将种仁与湿沙以1∶3的比例拌匀,置于20℃～25℃的条件下催芽。也可用火炕催芽,即在火炕上先铺一层湿沙,厚3～5厘米,然后将拌好的种仁铺在上面,厚10～15厘米,其上再盖一薄层湿沙,均匀加温,4～5天后即可发芽。此法出芽整齐,出芽率比沙藏高5%～10%,但较费事。

13. 怎样进行播种?

(1)春播 春季土壤解冻后,经过层积处理或催芽处理后的种子，在整好的苗圃地上开沟播种，播种深度 5 厘米左右（视土壤种类和土壤湿度而定），种间距 10 厘米左右。播后覆土踏实，使种子与土壤密切接触，并将表土耙松 1～2 厘米，以利于保墒。在出苗前不宜浇水，以免降低地温，延迟出苗；且土壤太湿易发生立枯病。一般 15～20 天即可出苗。为了保温保墒，提早 5 天左右出苗，有条件的可用地膜覆盖。方法是在苗圃地上按地膜宽度做畦，膜宽一般为 90 厘米，则做畦宽 70 厘米，埂宽 10 厘米，埂高 5～6 厘米，地膜覆盖在畦面上，两边分别用土压在埂上，并拉紧，使地膜与畦面有一定的空隙，不仅可保温保湿，还可免烧苗。

(2)夏播　夏播是将当年采收的种子经低温或破核处理后在夏季播种。北方地区早熟品种 6 月中下旬露地播种，当年苗可达到嫁接要求。

(3)秋播　当年秋季至土壤封冻前进行。秋播可省去层积处理或催芽过程，简便易行，而且翌年春季出苗早，苗壮。秋播开沟应比春播深些，一般为 5～10 厘米。播前最好用农药拌种，以防鼠害。

播种量应根据砧木种核的大小而定。大粒山杏核每 667 平方米用 30 千克，小粒山杏核 20～25 千克，山桃核 20～40 千克，毛桃核 25～50 千克。无论哪个时期播种，苗圃地均应选择土层肥厚，不积水但有灌溉条件的地段，并应事先耕翻 30～40 厘米深，施足基肥，每 667 平方米施土粪 4 000～5 000 千克，若能混施适量的磷酸二氢钾效果更好。苗圃地切忌重茬。否则，苗木生长细弱，病害严重，还会引起大量死苗。因此，必须进行轮作倒茬，一般年限最少在 3 年以上。轮作物以豆类、牧草、薯类和蔬菜为好。

14. 实生苗怎样管理?

幼苗出齐后，要及时松土，尽早间去有病虫害、过密和生长弱的幼苗，间苗一般进行 2～3 次，最后定苗。间苗后，株距应保持 8～10 厘米，若缺苗，可用带土移栽法及时补齐。每次间苗后，要及时浇水并用土弥缝，防止漏气晾根。定苗时保留的苗数要略大于预计产苗数。

在实生苗的生长过程中，要加强肥水管理和病虫害防治工作。北方春天气候干旱，应及时注意土壤墒情，一般1年浇水3～5次，追肥2～3次，前期应施氮肥，每次每667平方米施5～10千克，撒施、沟施、根外追肥（喷施）均可。根外喷洒可用0.3%～0.5%的尿素。8月中旬以后禁止追肥，以免苗木徒长，推迟休眠期，造成冬季抽条。当幼苗长出4～5片真叶时，开始浇水，浇水不宜过早，也不宜过多，以免发生病害或徒长。中耕除草一般在施肥浇水后或降雨后进行，以防止杂草生长与杏苗争夺养分和光照。晚秋进行摘心，可促进组织成熟老化，控制秋梢生长，有利于安全越冬。8～9月份苗高80～100厘米时，当年可进行芽接。

15. 接穗怎样采集和贮运？

采集接穗的母株，必须具有品种纯正，树势强健、丰产、稳产、优质、抗性强等优良性状，且无检疫对象。接穗应选用树冠外围生长健壮、芽饱满的发育枝。春季枝接或芽接，用发育充实的1年生枝上的饱满芽。夏、秋芽接用当年生新梢上的充实芽。生长季接穗采下后，应立即剪除叶片，留约1厘米长的叶柄，每50～100根为1捆，每捆上挂标签，并注明品种和采集时间等。若马上嫁接，可用湿布包裹或将接穗立放于水桶内，桶底部清水深约5厘米，接穗上部覆盖湿布。若需贮藏，应放在潮湿、冷凉、变温幅度小而通气的地方或窖内，将接穗下部插入湿沙中，上部盖上湿布，定期喷水，保持湿润，最好是随采随用。秋冬采下的接穗可放入窖内，一层湿沙一层接穗进行贮藏，也可放入背阴处的沟内。若要长途运输，可用湿蒲包、湿麻袋等包裹，快速运回，途中应注意喷水和通风，以防枝条失水或发霉。运回后，立即取出，用凉水冲洗，然后用湿沙覆盖存放于背阴处或窖内。

16. 嫁接方法有哪几种?

杏嫁接根据取用接穗的不同部位可分为芽接和枝接。芽接有“T”字形芽接 、带木质部芽接等;枝接有劈接、切接、腹接和根接等。苗圃育苗及建园后的小树多采用芽接。大杏树改接一般采用切接、劈接或腹接。

(1)“T”字形芽接 嫁接时间从5月下旬至9月份,接穗和砧木都容易离皮时均可进行,但需避开阴雨天,以免接后流胶,影响成活。方法是先在接穗的饱满芽上方约5毫米处横切一刀,深及木质部,再于芽的下方1厘米处,带木质部斜削至超过芽上方横切口,用拇指侧向轻轻推芽,即可取下完整的芽片。将芽片立即含在口中,同时在砧木距地面约5～10厘米处切成“T”字形切口,用芽接刀尖将切口两侧皮撬开,迅速将芽插入,使接芽上端与砧木横切口密接,最后用塑料条从上向下绑紧,外面只露叶柄(图2-1)。

(2)带木质部芽接 方法是倒拿接穗(芽尖向下),用芽接刀在芽的上方0.5厘米处向芽的下部斜削(深度为稍带木质部,最好不超过1毫米至芽的下方0.8～1厘米处,然后横向与枝条垂直,在芽的下方斜着削一刀,斜削深度至第一刀的削面,将盾形芽取下。根据接芽大小,在砧木距地面5厘米处由上向下斜削一刀,再横切一刀与第一刀相交,将接芽尖朝上贴在砧木的切口上,使接芽和砧木的形成层对齐(两侧或一侧),然后用塑料条由下向上缠紧系好(图2-2)。

为提高此法嫁接的成活率及成苗率,操作过程中应注意以下几个方面:

第一,接穗粗度与砧木粗度保持一致,或接穗粗度稍细于砧木粗度较为适宜。否则,形成层无法对齐,不利于接口愈合。

第二,绑塑料条时,要将接口包住、扎紧,以免接芽风干和雨水渗入使接芽腐烂。雨天不宜嫁接。

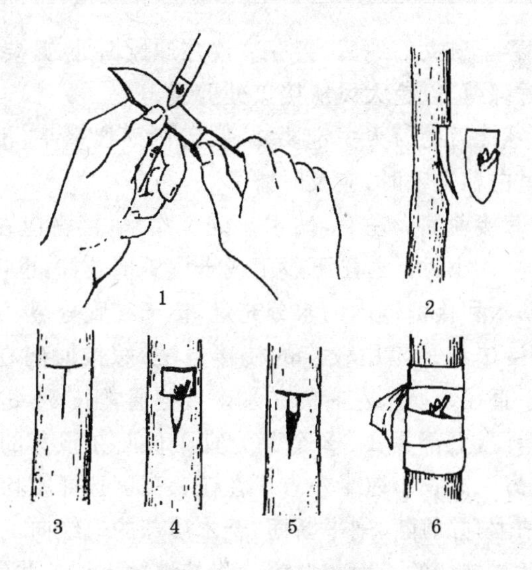

图 2-1 “T”字形芽接

1. 削芽片 2. 取下的盾形芽片 3. 砧木切口
4. 插芽片 5. 芽片嵌入 6. 绑缚

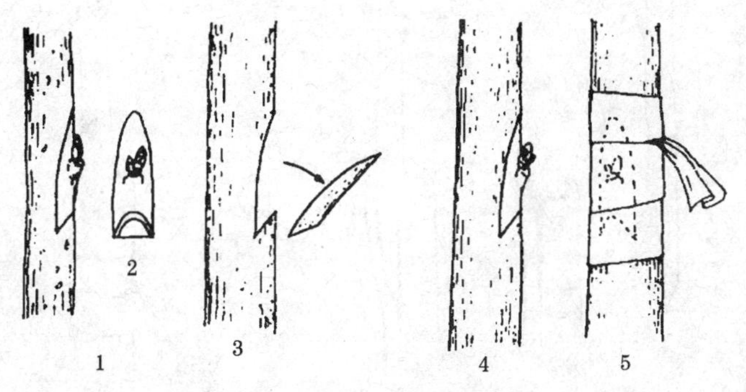

图 2-2 带木质部芽接

1. 削芽片 2. 芽片正面 3. 砧木切口 4. 接芽 5. 绑缚

第三，夏、秋季芽接易从接口流胶的地区，应改为春季嫁接，以便提高嫁接成活率。

第四，春季风大的地区，接芽应接在迎风面处，必要时，接芽抽枝后应及时绑缚，以免大风从接口处劈裂。

第五，嫁接刀的刀刃一定要锋利，刀削面要呈平、滑、清状态，当刀削面呈白茬发毛时，应及时磨刀。

第六，嫁接前5天左右，砧木应浇1次水，接穗应在基部剪新茬吸水12～24小时。若刚下过雨或土壤墒情较好，也可免浇。主要应保持砧木和接穗体内的水分充足，便于细胞分裂，接口愈合。

(3)切接法 是应用较广的枝接方法，嫁接时间在早春萌芽前。适用于直径1厘米左右的砧木。接穗通常长5～8厘米，下部削成两个斜面，上部具1～2个芽为宜。长面在顶芽的同侧，长3厘米左右，另一面长1厘米左右。在任一高度选择粗壮、生长势强的枝条作砧木，并剪断，削平断面，于木质部的边缘向下直切，切口长度和宽度与接穗的长面相对应。将接穗插入切口并使形成层对齐，将砧木切口的皮层包于接穗外面，以塑料条绑缚(图2-3)。

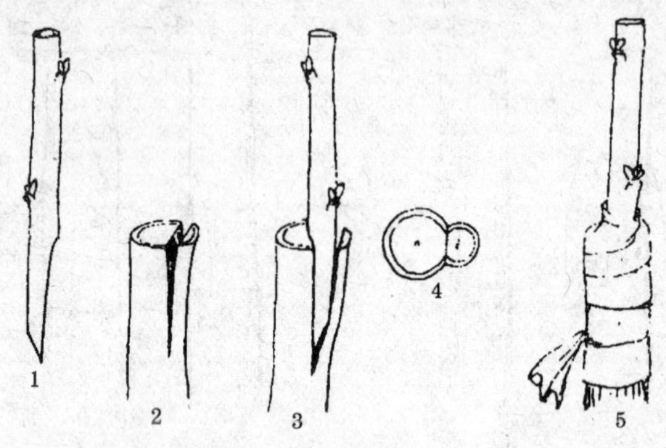

图2-3 切 接

1. 削接穗 2. 砧木切口 3. 插接穗 4. 砧穗结合俯视图 5. 绑缚

(4)劈接法 是在砧木较粗的情况下应用的枝接方法。接穗具2～4个芽，在芽的左右两侧各削长约3厘米的削面，成楔形，使有顶芽一侧较厚,另一侧较薄。截去砧木上部,削平断面,于断面中心处垂直下劈,深度与接穗削面相同。将削好的接穗插入劈口中,使外侧的形成层对齐。接穗削面上端应高出砧木切口 0.1 厘米。用塑料条绑缚(图 2-4)。接穗上接口用蜡或塑料薄膜封口,以防失水降低成活率。

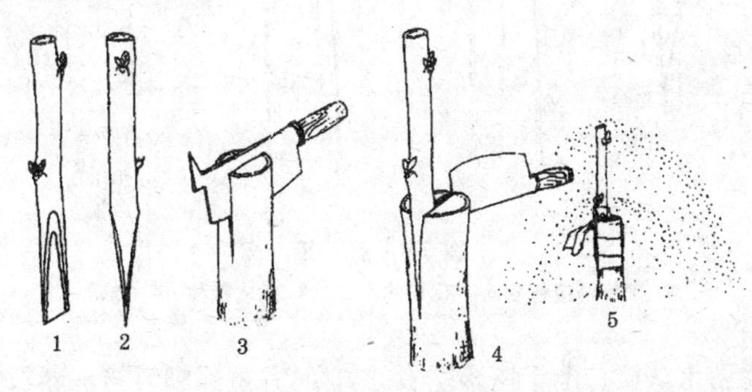

图 2-4　劈　接

1,2. 削好接穗的正、侧面　3. 劈砧木　4. 插入接穗　5. 绑缚

(5)腹接　此法常用于树冠大枝之间空间太大,或主干太高时补接品种,使之形成完整的树冠。时间在杏树萌芽时进行。方法是采用 1 年生枝条作接穗,在砧木上准备嫁接的部位用刀斜切一切口,深达砧木粗度的 1/3,切口长 2～3 厘米。将接穗小段顶芽一侧的基部斜向削一削面,削面长度与砧木切口长度相等,在此削面的背面再削约 1 厘米长的小斜面,然后用手轻轻推开砧木,将接穗插入,使长削面紧贴砧木木质,两个形成层对准,最后用塑料条紧绑接口(图 2-5)。

17. 嫁接苗怎样管理?

壮苗是早果、丰产的基础,因此加强嫁接苗的管理至关重要。

(1)剪砧、解绑　夏、秋季嫁接的苗,翌年春天叶芽开始萌动

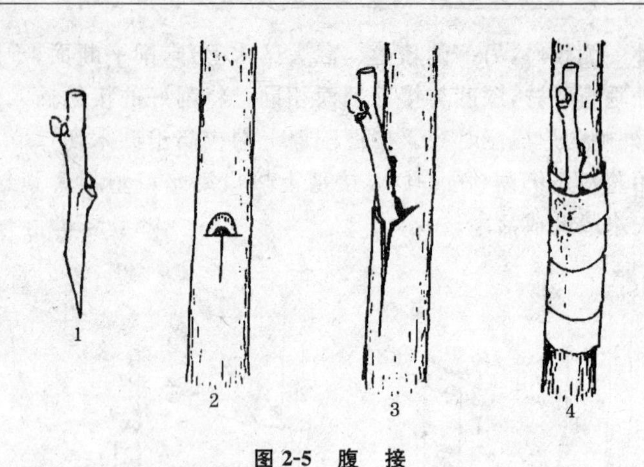

图 2-5　腹　接

1. 削好的接穗侧面　2. 砧木切口　3. 插入接穗　4. 绑缚

时，将砧木从接口上 1 厘米左右处剪断，并解除绑缚物。春季嫁接的苗，在嫁接后剪去接口上 1 厘米左右砧木，绑缚时要把接芽露在外面，嫁接后 30～40 天将绑缚物解除。

（2）检查成活和补接　嫁接后约 15 天，叶柄一触即落，接芽新鲜饱满，愈伤组织明显，愈合良好时表明嫁接成活。反之，嫁接未活，应及时补接。夏秋季嫁接，没有成活的一般在翌年春季补接。

（3）培土防寒　夏秋季嫁接，当年接芽不萌发。冬季严寒干旱的地区，为防止接芽受冻，在封冻前应培土防寒。培土以超过接芽 6～10 厘米为宜。春季解冻后及时扒掉，以免影响接芽的萌动。

（4）抹芽、除萌　剪砧后易从砧木基部发出大量萌蘖，应及时多次地抹芽除萌，以免砧木萌蘖生长过旺而影响接芽的生长。

（5）设支柱　杏生长量大，采用劈接等方法的接芽生长势强，新梢长度迅速增长，但接口愈合组织却很幼嫩，遇风易折断。所以，当新梢长到 30 厘米左右时，要及时设支柱。

（6）松土、除草及病虫害防治　同实生苗管理。

（7）整形　直播建园的砧木嫁接后，在夏季接芽生长高度超过定干高度时，可在主干饱满芽处摘心，促其下部芽发枝，达到成形快，减弱幼树生长势的目的。北方地区一般在6月上旬至6月中旬定干。

18. 苗木怎样出圃？

在当年秋末落叶后或翌年春季萌芽前起苗出圃。起苗前若苗圃地太干旱，应先浇一遍水，隔2～3天后再起苗。起苗时不要伤大根，且忌生拉硬拽。苗木出土后应将其置于背阴处，及时覆土埋根，防止根系受强光晒、风吹和冻伤。待苗木起完后，将苗运往贮藏地点假植或定植。

(1)苗木包装及运输 凡运往外地的苗木必须包装，每50棵为1捆，100棵为1束，苗木根系用蒲包、草袋等包装，根系间填充湿润的稻草或湿锯末等，最后用绳捆紧。运输中一定要用帆布篷盖严，防止风吹、日晒、严寒，造成苗木失水或受冻。外运苗木必须经当地植物检疫部门检疫，按规定办理检疫证书。

(2)苗木假植 秋季起出的苗木，若当年秋天不能定植，或当年秋天购来的苗木准备翌年春定植时，必须在土壤结冻前进行假植。假植方法因地而异。北方寒冷地区常用全株埋土法假植，方法是在背风、干燥、平坦、排水良好的地方挖1条假植沟，沟宽1～1.5米，深0.6～1.5米，长度随苗木数量而定。沟底先铺一层10～15厘米厚的河沙，将苗梢朝南斜放在沟中。一层苗木培一层湿土，根间需要培些湿土，全株用湿土培上，苗间最好不留空隙，最后用土盖严。翌年春天定植时，再分层挖出。假植沟内不能浇水，否则易烂根。我国中部黄河故道沙壤土地区，由于土壤通透性好，冬季气温较北方寒冷地区稍高，所以苗木假植沟底部不需再埋湿沙，也不需全株埋于土中防寒，只将成捆的苗木成排直立埋在60～80厘米深的沟内即可，但根系与土壤一定要紧密接触，并使土壤始终保持一定湿度，若土壤干旱时，应及时浇水。

三、园地的选择标准

1. 果园址选择的条件是什么?

山地、平原都可栽杏和李,但不是任何地方种杏和李都可获得高的经济效益。杏、李开花较早,有些地方花期易遇晚霜,造成花期受冻而减产或绝产。如盆地、密闭的槽形谷地和山坡底部等因空气流通差,冷空气下沉易集结而不易流散,降霜频率较高,故不宜栽杏。山区发展杏、李,园址应选择在上述地形的中部或中上部较宜。杏抗涝能力较差,平原地区建杏园应避开低洼地和地下水位较高的地方。

杏果不耐运输,杏园应建在交通方便的地方。即园址靠近公路、靠近城市、邻近市场等,以减少运输中的损失。加工品种的园址也宜建在加工厂附近。

新建果园应避开核果类迹地,即不要在种过桃、杏、李、樱桃的地方建园,以免发生再植病。若实在避不开,应深翻土壤,清除残根,客土晾坑,增施有机肥。有条件时应消毒定植穴或定植沟的土壤,绝不可在原定植穴栽植杏树。消毒方法是边往定植穴或沟内填土边喷37%甲醛溶液,喷后用地膜覆盖,以杀死土壤中的线虫、真菌、细菌、放线菌等,或用70%溴甲烷,每平方米土壤放入100克溴甲烷,也可起到土壤消毒作用。

此外,干旱地区建杏园时应选择有一定灌溉条件的地方;杏园最好不要建在瘠薄的土壤上,因其树体生长不良,产量较低。

2. 怎样建立果园灌溉系统和排水系统?

(1)果园灌溉系统 果园灌溉分沟灌、喷灌和滴灌3种方法。

①沟灌　果园内渠道分干渠、支渠和毛渠，三者要相互配合，位置要高，控制面积要大，要照顾小区的形式和方向，并与道路系统相结合。输水渠道距离要短，渗透量要小。干、支渠流速要适中，一般要求干渠的比降为0.1%，支渠的比降为0.2%。山地果园的渠道，应结合水土保持沿等高线，按一定比降修筑。一般可以灌、排兼用。

渠道的深浅和宽窄应根据水的流量而定。平地果园的主渠道与支渠道呈"非"字形，山地果园支渠道与主渠道呈"T"字形。渠道的长短按地形、地块设计，以每块地都能浇上水为准。山地果园高差大的地方要修跌水槽，以免冲坏渠道，渠长超过100米时，无论山地还是平地，都要注意防渗漏。

②喷灌　此形式有3种方法：一是喷头装在树冠下部，只喷本树盘，特点是需水量小，叶片不接触水滴，不易发生病害；二是高压喷头装在运输道旁，喷射半径大，一般在果园苗圃使用；三是喷头高出树冠，此方式需水量大，叶片接收水分多，易发生病害，但在春季可防晚霜危害，夏季可以降低树冠内的温度，防止土壤板结。喷灌的管道可以是固定的，也可以是活动的。活动式管道一次性投资小，但用起来麻烦。固定式管道不仅用起来方便，而且还可以用来喷药，可一管两用。即使喷药条件不具备，也可以用于输送药水。尤其是山地果园，在不加任何动力的情况下，就可以把药水送遍全园。

③滴灌　滴灌是通过一系列的管道把水一滴一滴地滴入土壤中，设计上有主管、支管、分支管和毛管之分。主管直径80～100毫米，支管直径40～50毫米，分支管细于支管，毛管最细，直径10毫米左右。分支管按树行排列。每行树1条，毛管每棵树1～2个。滴灌用水比渠道灌溉节约75%，比喷灌可节约50%。国内果园滴灌输水管均是直接铺设在果树行间，滴头直接插入树冠下的土壤中。国外输水管是挂在果树株间距地面60～75厘米高的铁

丝上，每株树干旁有一滴头，水从高于地面 60 厘米左右的滴头滴入树干基部，或是从输水管延伸出带滴头的橡皮管，直接插入树干基部的地面。

(2)果园排水系统 果园排水分明沟和暗沟 2 种，排水沟的比降一般为 0.3%～0.5%，山地丘陵地的梯田，其排水沟应修建在梯田的内缘，盐碱地应设置排碱沟，其深度应超过当地地下水位。

3. 怎样设置果园防护林?

我国北方春季多风，且风速快，此时正值杏开花季节，大风会妨碍昆虫传粉，吹干柱头，影响授粉受精。营造防护林可降低风速，减少风害、调节温湿度、减轻和避免花期冻害、提高坐果率。在没有建立起农田防风林网的地区建园，都应在建园之前或同时营造防风林。那种认为防风林占地、无用的想法是错误的。

防风林带的有效防风距离为树高的 25～35 倍，由主、副林带相互交织成网格。主林带是以防护主要有害风为主，其走向垂直于主要有害风的方向，如果条件不许可，交角在 45°以上也可。副林带则以防护来自其他方向的风为主，其走向与主林带垂直。

防风林的结构可分为两种：一种为不透风林带，组成林带的树种，上面是高大乔木，下面是小灌木，上下枝繁叶茂。不透风林带的防护范围仅为 10～20 倍林高，防护效果差，一般不选用这种类型；另一种是透风林带，由枝叶稀疏的树种组成，或只有乔木树种，防护的范围大，可达 30 倍林高，是果园常用的林带类型。

设置防护林应选择适宜当地自然条件的树种，结合当地水土保持，防风固沙等农田基本建设进行。山地杏园的防护林应建在果园的风向上缘，平原地区的防护林应建在杏园易受危害性风影响的方向。在风沙大的地区应建防护林网，即在主风向上栽植乔木和灌木组合的不透风主林带；与主林带相垂直，栽植乔木组成的副林带，副林带可与园中行道树统一起来。

山谷坡地营造防风林时，由于山谷风的风向与山谷主沟方向一致，主林带最好不要横贯谷地，谷地下部一段防风林，应稍偏向谷口且采用透风林带，这样有利于冷空气下流；在谷地上部一段，防风林及其边缘林带，应该是不透风林带，而与其平行的副林带，应为网孔式林型。

林带的树种应选择适合当地生长，与果树没有共同病虫害、生长迅速的树种，同时要防风效果好，具有一定的经济价值。林带由主要树种、辅助树种及灌木组成。主要树种应选用速生高大的深根性乔木，如杨树、洋槐、水杉、榆、泡桐、沙枣、梧桐等。辅助树种可选用柳、枫、白蜡以及部分果树和可供砧木用的树种，如山楂、山丁子、海棠、杜梨、桑等。灌木可用紫穗槐、灌木柳、沙棘、白蜡条、桑条、柽柳等。结合护果的作用，林带树种也可用枸杞、花椒、皂角、玫瑰花等

林带的宽度，主林带以不超过 20 米、副林带不超过 10 米为宜。其株、行距，乔木为 1.5 米×2 米，灌木为 0.5～0.75 米×2 米，树龄大时可适当间伐。林带距果树的距离，北方应不小于20～30 米，南方为 10～15 米。为了不影响果树生长，应在果树和林带之间挖一条宽 60 厘米、深 80 厘米的断根沟(可与排水沟结合用)。

4. 果园土壤环境应怎样保护？

果园土壤环境是果树生长发育最重要、最根本的条件。果园土壤环境的恶化，包括土壤肥力降低、土壤侵蚀和土壤盐渍化等。特别是果园土壤侵蚀，一直是世界性的问题。

由于生产无公害果品已被提到日程上来，果园环境污染的认识及其对策，成了现代果树生产技术中不可缺少的一项内容。果园环境包括果园大气、土壤和附近作为果园水源的水域三部分。目前，我国果树产区，特别是工业和交通发达的果树产区，大气、土壤和水域的三种污染都很普遍、严重。果园的大气污染和水源污

染，常集中表现到土壤污染上，使土壤污染及土壤环境保护，成为更加突出的问题。具体保护措施见第五问。

5. 果园土壤污染的途径是什么？怎样防治？

(1)土壤污染系统 土壤不仅是果树最重要、最基本的生产资源，而且也是一种环境要素。土壤污染的含义是：人类活动产生的污染物进入土壤并积累到一定程度，引起土壤质量恶化的现象。与土壤污染相对立的是土壤净化，其含义是：土壤本身通过吸附、分解、迁移、转化，而使土壤污染的程度降低或消失的过程。

土壤污染物质是指那些进入土壤中，并影响土壤正常作用的物质，即会改变土壤的成分、降低农作物的产量和质量、有害人体健康的物质。土壤中的污染物，可能绝大部分是由大气污染和水源污染进入的。土壤中污染物质的浓度和数量，一般每千克土壤只有几毫克的水平，因而很容易被植物吸收而产生危害。按污染物的性质，污染物大致分以下几类：

①有机物类 污染土壤的有机物，主要是有机的化学农药、除草剂等，在土壤中残留时间长的农药或除草剂，更容易积累到污染的程度。

工业的“三废”中，也有很多有机污染物，如酚、油脂、多氯联苯、苯并芘等，易进入土壤。生活污水中的有机污染物，如油脂、粪便、塑料和洗涤剂类有机物等，也常有少量的农药。越是不易分解的有机物，越易积累而造成土壤污染。

②金属类 常见的一些重金属污染物，包括汞、镉、铅、铜、锰、锌、镍、砷等，因为这些物质不易被微生物分解，故土壤一旦被重金属污染，很难彻底消除。重金属一般是通过以下几种途径进入土壤的：一是用含重金属的污水灌溉；二是含重金属的粉尘落到土壤的表面后进入；三是肥料中含有工业废渣，用含重金属的农药制剂等；四是由家庭垃圾堆制的肥料中也有少量重金属。

③放射性物质　污染土壤的放射性物质，主要是大气中核爆炸后降落的污染物，原子能所排出的液体及其中的废弃物，最终不可避免地随同自然沉降、雨水冲刷和废弃物的堆放而污染土壤。

④化学肥料　生产上大量施用含氮和含磷的化学肥料，虽然对增加产量和改进品质是有利的，但其污染土壤的一面也不应忽视。土壤中氮肥过多，硝酸盐来不及被吸收和利用，造成氮肥的损失，有一部分污染土壤。磷肥污染土壤，主要是一些杂质造成的，许多不规范的磷肥小工厂，产品质量低劣，常含有有害物质三氯乙醛。

⑤病原微生物　人畜粪便及生活污水中的病原微生物种类和数量都很大，当人与污染的土壤接触时，就会传染上各种细菌和病毒，若食用污染土壤生产的果品，就会威胁到人体的健康。靠近医院、畜禽养殖场以及用城镇生活污水灌溉的果园，果园管理者对这个问题应当予以特别重视。

有些工厂和乡镇企业给农业带来的环境污染，也是不容忽视的问题。边远山区的果园稍好一些，平原和城镇郊区的果园，这个问题尤其严重。

(2)防治措施　预防和污染后的治理应采取以下措施：

①了解果园土壤背景值　果园土壤背景值是指没有受各种污染源(如工厂、道路、矿山、农用化学品等)明显影响的土壤中化学物质的检出量，也称土壤环境背景值。严格地说，现在不论什么地方已经没有不受污染影响的净土了。所谓土壤的背景值只能是相对而言。没有明显的污染损害的土壤，我们应当测定其与果树营养和环境有关的化学元素的含量，包括果树矿物质营养的大量元素和微量元素，也包括前面提到的各种可能的污染物质。有了土壤背景值，以后发生了污染的情况，再测定这些背景值的变化，就会对污染的性质及其程度有明确的了解。

②从果园杂草或间作物反应监测土壤污染情况　许多杂草或

果树行间的间作物，对土壤的污染很敏感，比果树对污染反应早而准确。表 3-1 的数据是一些杂草和农作物对土壤重金属污染的相对敏感与耐受性，可供果园监测土壤污染时参考。

表 3-1　一些杂草和农作物对土壤重金属的敏感性与耐受程度

(Chaney 等，1983)

很敏感	敏　感	能耐受	不能耐受
莙荙菜	欧洲白芥	菜花	玉米
莴笋	羽衣甘蓝	黄瓜	苏丹草
红甜菜	菠菜	西葫芦	毛芒雀麦
芜菁	硬菜花	生豌豆	Merlin 紫羊茅
花生	萝卜	番茄	燕麦
杂种三叶草	万寿菊	鸭茅	
冠状野豌豆	紫苜蓿	雀麦	
“弧”苜蓿	朝鲜胡枝子	柳枝稷	
白花草木樨	毛羽扇豆	小糠草	
黄花草木樨	百脉根	苇状羊茅	
弯叶画眉草	长绒毛野豌豆	紫羊毛	
野香子兰	大豆	六月禾	
	豆荚		

③保护水源，避免污染　园外引水灌溉的果园，水源污染是土壤污染的最重要原因，特别是水源附近有污染源的那些果园。如果做不到保护水源、避免污染，应尽可能在自己果园内打深井取水灌溉。

④抑制果树对污染物吸收　已有轻度土壤污染的果园，减弱果树受害的快捷方法是施石灰。施用石灰将土壤 pH 值提高至 6.5 以上，能大幅度降低重金属阳离子的土壤活性，同时供给碳酸根离子，使重金属阳离子形成沉淀。多施腐熟好的优质有机肥，对

控制土壤污染危害和抑制果树的污染物吸收也有很好的效果。有机质和吸附性强的黏土矿物、人造树脂材料，施入土壤，是很好的土壤改良剂，能有效地减轻土壤污染。

⑤客土挽救危急的果树　已有明显土壤污染危害的果园，抢救危急中的果树，可采用客土的方法。做法是在树下挖较深和较宽的沟，取出被污染土壤，运出果园，运来没有污染的好土或再混入一定量的石灰和有机肥，填入沟中，之后及时灌溉洁净的水。这是一项很费工、费时的作业，但是能很快见效，对于多年生果树非常必要。

⑥建立生态农业　现在我国农村，想找一个没有一点污染的农田或果园是很困难的。所以，解决果园土壤污染的根本措施是建设生态农业。生态农业是人类为寻求农业持续、稳定、协调发展的一种生产方式，是经济与生态协调发展的农业，也就是当前人们常说的可持续农业。我国农村已开始这方面的试验，如一些地区建立的生态村、自然保护村(农场)等。

⑦减少和杜绝果园自身的污染　不用不合标准的农药和肥料。

6. 果树品种如何选择？

新建果园时，要选早果、丰产、抗性强、果实综合性状优良的新优品种。只有这样，才会获得理想的经济效益。一个商品性生产园产量的高低，果实品质的优劣，经济效益的大小，在很大程度上取决于品种本身。在同样的栽培管理条件下，如果品种选择正确，就可以获得最大的经济效益，即高出数倍的收入；反之，将会劳而无功，经济效益明显降低。

另外，在选择品种时，还应注意所选品种原产地的生态环境要与当地的生态条件相一致，如果二者差别太明显，将会出现树体冻死，枝、花芽冻害严重，树体生长异常，果实品质下降，病虫害严重等不良现象。一般而言，同一品种群内各地区间可以相互引种，或不同品种群间在环境条件相差不大的情况下也可以相互引种。

7. 怎样配置授粉树品种?

除欧洲品种群之外,大多数杏品种自花不实或自花结实率较低,再加之杏果实不耐贮运,所以在建商品性杏园时,不仅要考虑到早中晚不同成熟品种与主栽品种、授粉品种的合理搭配,而且还要照顾到鲜食品种和加工品种的比例。一般而言,小面积且交通比较便利的果园,应以早熟的鲜食品种为主,即选1～2个优良品种作主栽品种,再选择与主栽品种有良好的杂交亲和性、花期一致、花多且花粉量大、生活力强的品种作授粉品种,二者的比例为3～4∶1(授粉品种距主栽品种不应大于10米),授粉树在主栽品种株间插栽为宜。大面积杏园应以加工品种或仁用品种为主,大约占80%以上,若条件适宜,鲜食、加工和仁肉兼用品种效益更好。授粉树不宜单一配置,应选择2～3个互为授粉、彼此等量栽植、效果良好的主栽品种,以获得最佳的经济效益。

8. 如何选择栽植密度和栽培方式?

杏树栽植密度应根据各地的地势、土壤、气候条件和管理水平而定。目前,一般李、杏园采取的株行距为2米×3米或3米×5米,每667平方米45～110株。在技术管理水平较高或果园面积较小的情况下,可试行高密度或超高密度(每667平方米222～333株)栽培。

栽植方式的确定应以保证最大限度地利用土地和空间,截获最多的太阳辐射以及方便管理为前提。常见的栽植方式有长方形栽植和正方形栽植两种。长方形栽植是当前生产上广泛采用的一种栽植方式,特点是行距大于株距,通风透光好,便于管理作业。丘陵地采用等高栽植适于梯田、撩壕等山地果园。特点是杏树按一定株距栽在一条等高线上,有利于水土保持。但要注意加行和减行的问题。

(1)长方形栽植　行距大于株距,其优点是通风透光良好,便于耕作,尤其是机械化操作。采用三主枝自然开心形时,常用3米×4米、3米×5米、4米×5米;采用二主枝开心形时,常用2米×4米、2米×5米等。

(2)正方形栽植　株距与行距相等,优点是光照分布均匀,有利于树冠发展。采用三主枝自然开心形时,常用3米×3米、4米×4米等。

9. 如何选择栽植时期和方法?

(1)栽植时期　一般分为秋栽和春栽。秋栽是在落叶后至土壤封冻前进行。优点是当年伤口即可愈合并发出须根,翌年春天可及时生根,即缓苗期短、成活率高、生长良好。在秋雨较多、春天干旱的地区宜秋栽,但应注意严冬到来之前的防寒工作,以免发生冬季抽干和冻害。春栽是在土壤解冻后至苗木萌芽前栽植,有灌溉条件的地区宜春栽。另外,东北、西北、华北北部和内蒙古等地区,由于无霜期短、冬季严寒,也以春栽为宜。可采取夏秋挖坑,积蓄雨雪,春天栽树的方法,不仅成活率高,而且还可省去新植幼树防寒的麻烦。

(2)栽植方法

①挖定植穴　按照设计要求和测出的定植点挖穴,以定植点为中心,根据密度可挖成坑或沟状。穴的大小一般为100厘米×100厘米×100厘米。挖时表土与底土分别于两边放置,回填土时先在坑的底部放入20～30厘米厚的秸秆或杂草落叶等,然后回填表土,填至一半深时,将挖出的底土与土杂有机肥混合填入(每株50～100千克),填至地面约30厘米时,将坑内土踏实或浇水,使土沉实,再覆一层干土,栽树时再回填余下的部分。

②苗木准备　栽前先将苗木进行分级,剔除不合格的劣苗,选

用根系发育良好的壮苗。然后修剪根系，使其尽量留新茬，便于愈合并产生新根。远地购入的苗木，因长途运输，失水较多，运到后应立即用水浸泡根系，待根系和枝条吸足水后，再进行定植。

③定植　将苗放入穴中央，使其前后左右对齐，培土1/3时向上提苗，使根系自然朝下舒展与土壤紧密接触，注意接口须略高出地面，将土踏实，再培土与地表相平并踏实。

10. 栽植后怎样管理?

(1)做畦浇水　有灌溉条件的地区，定植后沿定植行做畦并及时浇水。较干旱的地区，浇水后可在树干周围培起一个小土墩，以便保墒。没有灌溉条件的地区或干旱地区，定植穴以60厘米见方为宜，树栽好后，把树盘修成漏斗形，干周围最低，以便水分集中地渗到根系分布区，为根系所利用，从而提高栽植成活率；也可在干周围铺80厘米见方的塑料薄膜，四周用土压实，并培起小土墩，效果较好。

(2)定干　春季定植后即可定干。定干高度一般为60～80厘米。春季花期易出现霜冻的地区定干可高一些，一般为80～100厘米。剪口芽应留在春季主风方向的迎风面，这样抽生的新枝条不易被风折断；如果剪口芽留在春季主风方向的被风面，新梢抽生后基部还没有木质化很容易折断。定植苗上枝条较多时，可适当疏枝或极重短截，较粗壮的枝及距地面30厘米以下的小枝要疏掉。

(3)补植　定植后应调查成活情况，发现有死株和病株应拔除，及时用备用苗补栽，以免在同一果园内因缺株过多而降低经济效益。

四、整形修剪标准

1. 杏和李树的生命周期是多少?

(1)幼树期 从苗木栽植后到第一次开花结果,称为幼树期,也叫生长期。嫁接树的树龄已经度过了生命周期的幼年阶段,只要有适宜的环境条件,随时都可以开花结果。幼树期与其他时期相比具有生长强度大,1年多次抽枝即枝条生长旺盛且发枝力强,当年即可成形的特性。因此,这一时期的栽培措施至关重要,应加强土肥水管理、病虫害防治、整形修剪等措施,不仅要使幼树健壮生长,而且还要培育出合理的树体结构,此期一般为2~3年。

(2)结果初期 从开始结果到大量结果之前,称为结果初期。此期生长仍很旺盛,树冠扩大迅速,分枝量增加,树体结构初步形成,营养生长占优势,逐步过渡到生殖生长。此期的主要任务是在保证树体健壮生长的前提下,尽快提高产量,修剪上注意培养和安排好结果枝,各种枝条合理搭配,培养良好树形。同时,还要改善通风透光条件,促进花芽分化,利于开花结果。

(3)盛果期 从开始大量结果到树体衰老以前称为盛果期。此期一般为20~30年,有的可达百余年,是树体结果的"黄金时代"。树冠达到最大体积,单株达到最高产量,即进入盛果期。这一时期骨干枝离心生长缓慢,甚至停止。树冠不再扩大,骨干枝数量不再增多,营养生长与生殖生长已基本达到相对平衡。新梢生长势逐年减弱,能形成多量的结果枝和大量花芽。骨干枝后部大枝因光照条件不良,其上的结果枝衰老枯死,造成内膛光秃,结果部位外移,这一时期产量最高,但容易因结果过量影响树势和翌年结果。此期大量营养供给果实生长,很易造成营养物质的供应、运转、分配与积累平衡关系失调，出现大小年现象。栽培上应采取一切行之有效的技术措施，增加树体营养，及时更新枝组，使之合理负载，最大限度地提高产量、增进品质、延长这个“黄金时代”，推迟进入衰老时期。

(4)衰老期　盛果期过后，生长逐渐衰弱，生长量小，结果枝死亡数量增多；骨干枝光秃部位相继发生徒长枝，形成更新枝；树冠内膛枝组死亡，空缺部位大增，树冠体积随之缩小。这一时期应采取恢复树势的技术措施，集中营养促进新陈代谢，尽可能保持获得较高产量。衰老期的前期要加强肥水管理，多施有机肥，尤其要注意病虫害的防治。同时，要尽量复壮修剪及更新大枝，2～3 年即可恢复树体，保持一定的产量。如果失去经济价值，可以全园更新。

以上树体各树龄时期的变化是连续性的，虽然各树龄时期都有其特点，但并无明显界限，立地条件与栽培管理技术水平也会影响各期的长短。果树栽培者应掌握其规律，通过综合管理，使树体正常生长，获得更多的产量。

2. 杏和李树的年生长周期是多少？

树体每年都有与外界环境条件相适应的形态和生理功能的变化，呈现出一定的生长发育的规律性，这就是杏、李树的年生长周期。杏、李树为北方落叶果树，物候期有 2 个明显的阶段，即生长期和休眠期。

(1)生长期　自春季萌芽开始到秋末落叶为止，这一时期营养生长和生殖生长交互进行，为 200～240 天。杏、李树的营养生长期开始较早，物候期因地区和品种而异。

(2)休眠期　休眠期可分为自然休眠期和被迫休眠期 2 个阶段。自然休眠期是果树的特性，必须在一定的低温条件下树体才能通过自然休眠，需要在 7.2℃以下的环境中经过 700～1 000 小时，才能解除自然休眠。否则，花芽发育不良，翌年发芽迟缓。树体的自然休眠期在12月下旬至翌年1月中旬。被迫休眠是指通过自然休眠后，已经完成了开始生长的准备，但因外界条件尚不适宜，树体不能萌发而继续呈现休眠状态。杏、李树在被迫休眠中遇到回暖的天气，树液开始流动，芽开始膨大，此时如出现寒流，容易遭受冻害，绝大多数的花芽冻害都出现在这种情况下。预防的方法是采取延迟萌芽的措施。自然休眠与被迫休眠的界限，从外观不易辨别，解除休眠的标志通常以芽的变化为准。

3. 杏和李树的枝有哪几种类型?

(1)营养枝 一般指当年生新枝，生长较壮、组织比较充实，营养枝上着生叶芽，叶芽抽生新梢，扩大树冠和形成新的枝组。其中处于各级主、侧枝先端的各级延长枝，幼树的发育枝经过选择、修剪，可以培育成各级骨干枝，是构成良好树冠的基础。

(2)结果枝 着生花芽并开花结果的枝条称为结果枝。根据结果枝的长短和花芽着生的状况，结果枝可分为以下5种类型(图4-1)。

①徒长性结果枝 长约1米，枝条的下部多为叶芽，上部多为复花芽，副梢少而发生较晚。生长过旺，往往花芽质量差、果实小，结果后仍能萌发较旺新梢，故常利用其培养健壮枝组。此类枝条发生在树冠内膛以及上部延长枝上。

②长果枝 枝条长30～60厘米，枝条发育充实，一般不发生副梢，中部复芽较多，不仅结果能力强，而且还能形成健壮的花束状果枝，为以后连续结果打下基础。此类枝多发生在主、侧枝的中部。

③中果枝 枝条长15～30厘米，其上部和下部多单芽，中部多复芽。结果后也可抽生花束状果枝。

④短果枝 枝条长5～15厘米，其上多为单花芽，复芽少。2～3年生短果枝结实能力强且可靠，5年生以上短果枝结实力减退。

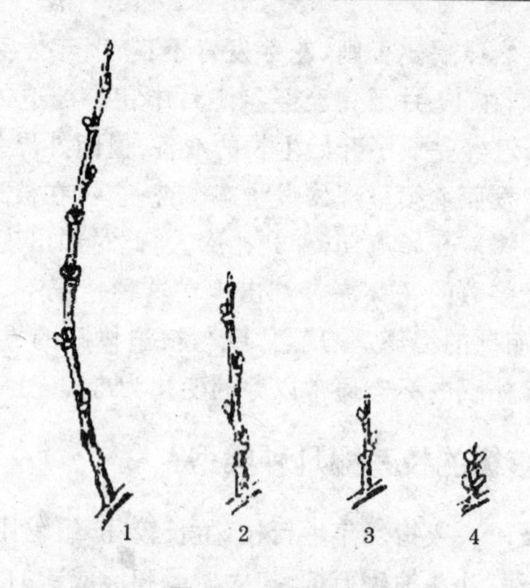

图 4-1　果枝的类型

长果枝　2. 中果枝　3. 短果枝　4. 花束状果枝

⑤花束状果枝　长在 5 厘米以下，除顶芽为叶芽外，其下为排列密集的花芽，节间短，组织充实。因花量大，开花时常呈束状。花束状果枝粗壮，花芽发育充实，坐果率高，果个大。但坐果过多，如结果 4 个以上时，会影响顶端叶芽的抽生，甚至枯死。

花束状果枝寿命长，连续结果能力很强，但以 2 年生以上枝条上的花束状果枝结果最好，5 年生以上的枝坐果率明显下降。因此，通过栽培管理，尽快在 2 年生以上健壮的主、侧枝上培养大量的短果枝和花束状果枝，是杏、李树早期丰产的关键。

4. 杏和李树的芽有哪几种类型?

芽是枝叶和花的原始体，所有的枝、干、叶、花都是由芽发育而来。按性质分为叶芽和花芽两类。

(1)花芽　花芽为纯花芽，较肥大、饱满，绝大多数杏品种花芽萌发后形成一朵花。李树的花芽为纯花芽，每个花芽包含 1～4 朵花。叶芽比较瘦小，李树各种枝条的顶芽均为叶芽，萌发后长成枝条和叶片。芽根据着生的方式又可分为单花芽和复花芽。每节上只着生1个花芽的叫单花芽，常分布在中、长果枝的基部和顶部，较瘦小，坐果率不高；每节上着生2个以上的花芽叫复花芽，其中较大的一个称为主芽，其余为副芽。最常见的是2个花芽，当中夹着1个叶芽的复花芽，也有三花芽、四花芽乃至更多的复花芽(图4-2)。复花芽着果稳，坐果率高，多分布在枝条的中部。单花芽和复花芽的数量及其在枝条上的分布，与品种特性、枝条类型以及枝条的营养和光照状况有关。同一品种内复花芽比单花芽所结的果实大，含糖量高。复花芽多，花芽着生节位低，花芽充实，排列紧凑是丰产性状之一。

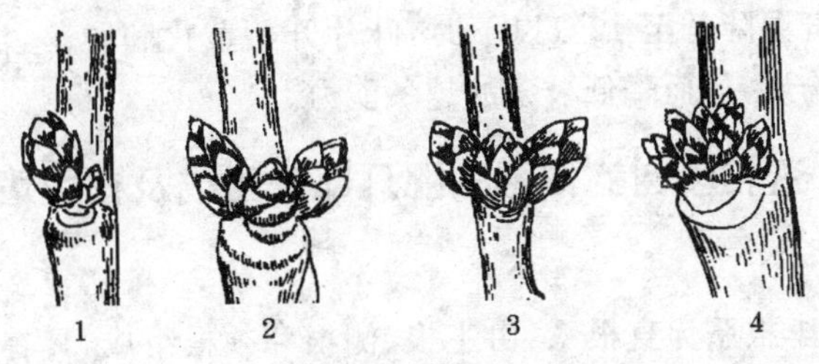

图4-2　花芽类型

1. 双芽：大的为花芽，小的为叶芽　2. 三芽：两侧为花芽，中间为叶芽
3. 三芽：均为花芽　4. 多芽：四周为花芽，中间为叶芽

(2)叶芽　叶芽具有明显的顶端优势，即枝条顶部的芽萌发力最强，抽出的枝条最壮，越往下部，芽萌发和成枝的能力越弱，直立枝条上的芽比水平枝上的芽生长势强。杏、李和其他果树一样，存在着芽的异质性，即同一枝条不同部位的叶芽或花芽，其饱满程度、萌发能力、发育程度不同。主要是由于芽形成的时间和形成时的营养水平不完全相同所致。掌握芽的异质性，对于正确进行整形、修剪是非常重要的。

5. 杏和李树的叶有哪几种类型?

杏、李叶片为单叶,叶柄生有1～2对小托叶和1～4对腺体。叶片的形状、大小、托叶和腺体的多少,常因品种不同而有差异。在一般情况下,中国李叶片多呈柳叶形,叶长80～120毫米,宽30～50毫米;而欧洲李叶片比较宽。杏叶多呈近圆形或阔卵圆形,叶长80～120毫米,宽60～100毫米。

叶片的生长是在花后随着新梢生长而进行的,一般可有2～3次生长高峰。大约在6月底至7月初,叶片面积生长达到最大值,但厚度还可继续增加。一般而言,1年只发一次叶,但当遭到严重病虫害或雹灾后,可以二次发叶,这些叶片小而薄,光合效率低。当秋季气温降低至10℃以下时,叶片开始黄化和脱落,消耗大量的营养物质,从而降低枝条的越冬能力。

6. 杏和李树的根系由哪几部分组成及在土壤中如何分布?

杏、李根系为直根系,由主根、侧根和须根组成,具有固地、吸收、运输、合成和贮藏营养物质等功能。杏树的根系,在土壤中呈层性分布。实生树和以实生杏、山杏为砧木的一般有2层,近地表的一层角度较大,数量较多,向水平方向扩展,常分布在20～60厘米深处的土层中;深层根的角度较小,几乎垂直向下,可深达7米以上,所占比例大约达10%。主、侧根上均分布有许多须根,是吸收水分和养分的主要部分,它在水平根上着生的较多。杏树的根系非常发达,根冠比为5.07,是苹果树根冠比1.17的4倍。正是由于有强大的根系,才使杏树具有很强的抗旱能力,对于干旱的生态地理环境有较强的适应性。

李树为浅根性果树,水平根分布范围通常比树冠大1～2倍,垂直根的分布因立地条件和砧木不同而有一定的差异。

7. 杏和李树果实发育有何特点?

(1)果实的构造 李果实与杏果实相同,在柔软的果肉中央有一硬核。外果皮是果皮,中果皮是果肉,内果皮是发育的种核,种子由胚珠、胚乳构成,胚由子叶和胚珠组成,李比杏的果柄长,果皮无毛而有果粉。

中国李果实为圆形和椭圆形,果顶为尖顶、平顶或凹顶,变化很大。果皮的颜色由黄色至紫红色,而欧洲李为黑色,果肉也多呈黄色和红色。

(2)果实的生长发育 正常花开放以后,经过授粉受精,幼果开始发育。李果实的发育过程与杏基本相同,果实生长发育的特点是有2个速长期,在2个速长期之间有1个缓慢生长期。生长发育呈双S曲线。果实发育的各阶段,其体积的大小占采收时果实重量的比例不同。第一次速长期占果实采收时重量的29%~58%,此期果实的大小,直接决定成熟时果实的单果重,是构成产量的主要时期,早熟品种尤其如此,其大小占果实采收时重量的50%以上。硬核期及胚发育期,各品种生长速度均比较慢,占产量的比重较小,一般为5%~20%。第二次速长期是影响产量的另一个重要时期,占产量的12%~32%。

8. 杏和李树落花落果的原因是什么?如何防治?

(1)落花落果的原因

①花芽发育不完全 主要表现为雌蕊退化。据调查,杏花退化率一般为5%~15%,个别的可高达75%。不同品种、同一品种不同枝类存在一定的差异。仁用品种比鲜食品种退化率低,如龙王帽退化花仅为5.7%~11.2%,而大接杏则高达69.8%;短果枝和花束状果枝比中长果枝退化率低,龙王帽的短果枝及花束状果枝的退化花率为4.5%、中果枝的退化花率为9.6%、长果枝的退

化花率为 33.7%，衰弱树退化花率多于强壮树 10%～30%。

②缺授粉树和人工授粉　目前，大多杏园栽培品种均较单一，没有合理配置授粉树，自花授粉结实率很低。调查表明，山杏、龙王帽、一窝蜂、骆驼黄杏、大接杏 5 个品种的自交结实率分别为 2.7%、1.1%、1.7%、0、0。即使有授粉树而不进行人工辅助授粉其自然结实率也是很低的，

③早春冻害　早春气温变化剧烈，常有寒流入侵或大风降温天气，使杏树的花芽、花朵和幼果遭受冻害，造成减产甚至绝产。杏花期最早，极易受害；其次是李品种。

④干旱或花期遇雨　花期气候干燥、刮旱风，易将柱头黏液吹干，造成不能正常授粉受精；花期遇雨，减少授粉受精的机会；硬核期干旱，常造成水分供应不足，致使大量落果。

⑤肥水条件差　目前，大多数杏树园都不施肥、浇水，树体营养积累不足，花芽发育不良，花粉质量不好，发芽能力低，坐果少。在新梢速长期，新梢与幼果竞争肥水，导致生理落果。

⑥虫害　造成杏树落花落果的害虫主要有金龟子、杏象甲和杏仁蜂等。金龟子主要取食花和花蕾；杏仁蜂一般在杏果指头大时，成虫大量出现，即在杏核尚未硬化前产卵于核皮与核仁之间，孵化的幼虫在核内食害杏仁；杏象甲成虫取食幼芽、花和果实，幼虫在果内蛀食，使受害果早落。

⑦光照条件不足　据调查，在遮光条件下生长的内膛枝组，其杏花退化率达 48.6%，而在日照良好的内膛枝组，其退化率仅为 12.7%。

(2)防治方法

①合理配置授粉树，搞好辅助授粉　栽培中应按主栽品种与授粉品种 4∶1 的比例配置或多品种混栽，对已建杏树园应高接授粉品种，以保证良好的授粉条件。在花期应进行人工辅助授粉，或于盛花期果园放蜂。授粉时间以开花 30%以上时为宜，最迟不应

晚于开花75%。据调查,进行人工辅助授粉或花期放蜂较对照坐果率分别提高9.7%、12.1%,产量分别提高87.4%、162.3%。比对照(每667平方米产427千克)分别增产374千克、691千克。人工辅助授粉以点授法为最好。采用喷粉法,20克花粉+10升水+10克硼砂+300克白砂糖+少许黏着剂。此外,也可于盛花期树体喷布0.3%硼砂液或0.3%硼砂与0.3%尿素混合液,或喷布50～75毫克/升的赤霉素,提高坐果率。

②加强肥水管理　对于盛果期的杏树,应于10月上中旬,每株施入圈肥100千克、饼肥2千克、碳酸氢铵1千克。于翌年4月初(杏树萌芽前)、5月初(果实膨大、新梢速长期)及果实采收后,按植株大小每株施尿素0.1～0.5千克或碳酸氢铵0.5～2千克2～3次,施肥后浇水。也可在杏树生长期压绿肥,结合病虫害防治进行根外追肥。硬核期若遇干旱,除地下灌溉外,还应进行树体喷水,减少落果。

③合理修剪　杏树树形一般为自然圆头形,栽培条件好的可采用主干疏层形或自然开心形。自然圆头形干高60厘米,在中心干上选留8～12个主枝,于主枝上直接着生枝组。修剪时以缓放为主,以提高花束状果枝和短果枝的比率。

对于幼旺树,应对背上直立新梢或延长枝头附近的壮梢进行扭梢、拉平,或于早春进行拿枝。也可于晚秋土壤封冻前或早春土壤解冻后按每平方米树冠投影面积土施15%多效唑可湿性粉剂0.5～0.8克,施后浇水,以抑制其生长,促进花芽分化。对盛果期树,要及时调节营养枝与结果枝比例,使之保持在2～3∶1,保证每个果达到5～9片功能叶。

④推迟花期避免早春冻害　于晚秋树体喷布50～80毫克/升赤霉素,或早春萌芽前2～3天树体喷布500～800毫克/升青鲜素(MH)、石灰乳或3～5波美度石硫合剂以及5%食盐水,一般能推迟花期5～8天。也可于晚秋落叶后至上冻前,全园浇足防冻水,

早春解冻初期再进行全园浇水，均可有效地降低地温而推迟花期，从而避开晚霜危害。如有霜冻预报，可在凌晨2时后，气温降至2℃时，点燃已备好的麦糠、落叶等熏烟防霜。

⑤及时防治病虫害　果实采收后，彻底清除落果，摘除树上干枯病梢、病虫，冬季清理枯枝落叶并集中烧毁。惊蛰至春分树体喷布4～5波美度石硫合剂。防治金龟子用2.5%敌百虫粉在树冠下进行撒施，同时在傍晚或早上进行人工震树捕捉。杏树萌芽前3～5天，全树喷布1～3波美度石硫合剂；展叶后交替喷布1∶1.5∶200的波尔多液和20%氰戊菊酯乳油1 000倍液；落花后(5月上旬)，在害虫(杏仁蜂、杏象甲)发生期前3～5天全树喷布40%溴氰菊酯乳油或25%联苯菊酯乳油500～800倍液，或2.5%溴氰菊酯乳油4 000倍液，均能有效地控制害虫的发生。

9. 常见的杏和李树树形有哪些？

合理地整形修剪，不仅可以形成合理的树形和树冠结构，有利于通风透光，使生物产量最大限度地转化为经济产量，而且还可以改善树体内部的营养分配、平衡树势，合理调整生长与结果的关系，避免大小年现象，延长经济寿命，达到稳产、高产、优质、高效的目的。目前，国内外比较普遍采用的树形主要有自然圆头形、疏散分层形、自然开心形、延迟开心形和丛状形。修剪多采用短截、疏枝、回缩、拉枝及长放等相结合的方法。

(1)自然开心形　此种树形干高50～60厘米，没有中央领导干，全株有3～4个主枝，各主枝间上下相距20～30厘米，水平方向彼此互为120°角，主枝的基角为50°～60°。每个主枝上留2～3个侧枝，主枝和侧枝上错落着生许多各种类型的结果枝组(图4-3)。

自然开心形树体较小，通风透光良好，果实品质优良，成形快，一般3～4年即可成形，进入结实期早，适于密植。尤其在土壤瘠薄、肥水条件较差的山地发展仁用杏，宜采用此树形。它的缺点是主枝少，定干低，早期产量较低，管理不太方便，寿命较短。

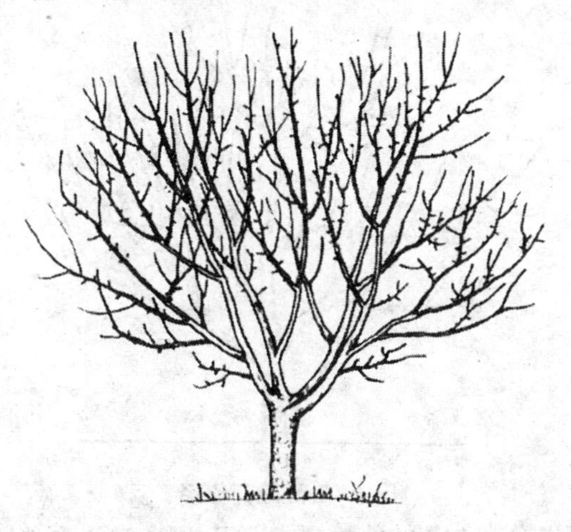

图 4-3　自然开心形

(2)延迟开心形　此种树形是一种改良的树形，没有明显的层次。干高 70～80 厘米，中心干上均匀配置 5～6 个主枝，最上部一个主枝保持斜生或水平方向，待树冠形成后，将中心干自最上一个主枝上部去掉，呈开心状。这种树形造型容易，树体中等，结果早，适于密植(4-4)。

(3)自然圆头形　这种树形是顺应杏树的自然生长习性，人为稍加改造而成，它的主要特征是无明显的中心干。一般干高 50～60 厘米，5～7 个主枝，错开排列，主枝上每隔 30～50 厘米留一侧枝，侧枝上配备枝组，也可用大型枝组代替侧枝。整形方法是苗木定植后，在 80 厘米左右定干任其生长，然后保留 5～7 个骨干枝，除最上部中心主枝向上延伸外，其余各主枝均向树冠外围伸展。主枝基部与树干呈 45°～50°角。当主枝长达 50～60 厘米时剪截或摘心，促其生成 2～3 个侧枝，侧枝分列主枝两侧，主枝头继续延伸。当侧枝生长至 30～50 厘米时摘心，在其上形成各类结果枝并逐渐形成枝组。

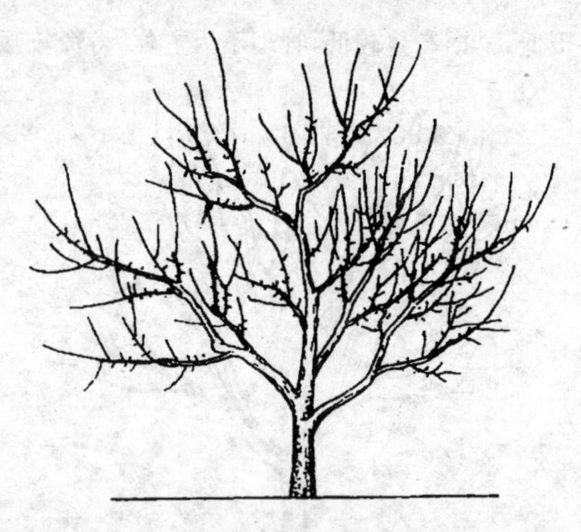

图 4-4　延迟开心形

结果枝组可以分布在侧枝的两侧或上下(图 4-5)。自然圆头形的特点是,修剪量小,成形快,结果早,结果多,易丰产,适合密植和旱地

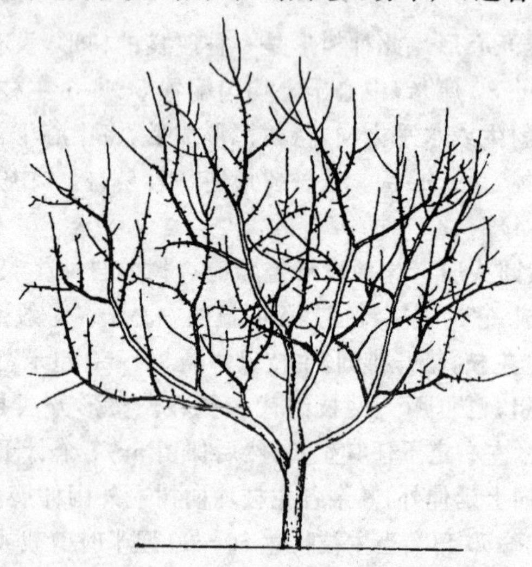

图 4-5　自然圆头形

栽培。缺点是后期树冠容易郁闭，内膛空虚，结果部位外移，呈光腿现象。树冠外围也易下垂。此种树形适于直立性较强的品种。

(4)疏散分层形 有明显的中央领导干，在其上分层着生着6～8个主枝。干高50～60厘米。主枝分3层排列，第一层有3～4个主枝，层内距为20～30厘米，第二层有2个主枝，第三层有1～2个主枝。第一层与第二层间距为80～100厘米，第二层与第三层间距为60～70厘米，第三层最上部的主枝应呈斜向或水平方向，使树顶形成一个小开心。第一层主枝上各留2～3个侧枝以后随层次的增加而减少。层间中心干上分布若干个中小型结果枝组(图4-6)。

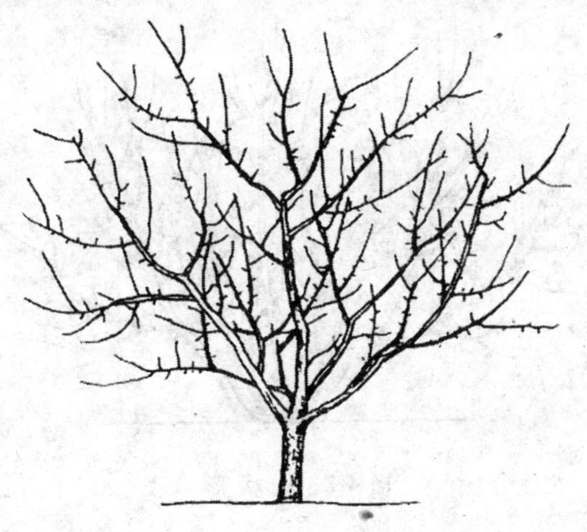

图4-6 疏散分层形

此种树形树冠高大，主枝多，层次明显，内膛不易光秃，负载量大。最适宜树势强健，干性强，土壤肥沃的地方应用。但成形较慢，进入结果期较晚。

(5)丛状形 此树形是目前丘陵山地逐渐普及的树形。特点是，树体矮化，管理方便，通风透光良好，更新复壮容易。定干高度一般在10～30厘米，干上着生4～5个健壮的主枝，向四周斜向伸展，每主枝上配2～3个侧枝，一级侧枝距地面60～70厘米，二级侧枝距一级侧枝40～50厘米，三级侧枝距二级侧枝30～40厘米，共有12～15个侧枝。侧枝上着生结果枝组。对1穴1株的杏树，定干后长出4～5个主枝，冬剪时疏除中央领导枝，其他主枝在30～50厘米处剪截。对1穴多株的杏树，定干高度为60～70厘米，冬剪时对冠内的直立徒长枝和密生枝进行疏除，其他枝留30～40厘米剪截，使其向外延伸，并培养第一侧枝，侧枝剪留长度约25厘米。整形一定要在保证通风透光的前提下进行(图4-7)。

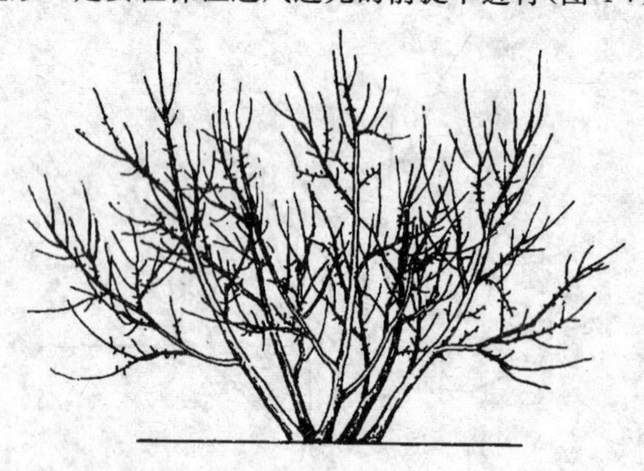

图4-7 丛状形

(6)两主枝开心形 也就是"Y"字形，它的主枝配备在相反的两个方向上，两主枝伸向行间，夹角约80°，侧枝配备的位置要求不严，一般在距地面约1米处即可培养第一侧枝，第二侧枝在第一侧枝的对面，相距40～60厘米。各主枝上的同一级侧枝要同一旋转方向伸展。主枝开张角度要求约40°，侧枝开张角度约50°，侧枝与主枝的夹角保持60°左右。

两大主枝开心形为了成形快，可以利用1年生枝上的副梢培养第一枝，原主干枝延长拉倾斜 40°作为第二主枝。但第一主枝生长势弱，应缩小开张角度加强生长势。在以后几年的整形修剪中，除继续利用主枝开张角度平衡树势外，还要利用留芽数和留果数的多少来平衡树势。生长势弱的品种或生长势弱的个别枝条，要注意选留徒长枝加以培养，以改变开张角度，增强生长势。

10. 每年需进行几次修剪？其作用分别是什么？

一般分为休眠期修剪和生长期修剪。休眠期修剪也称为冬季修剪，一般指落叶后至翌年树体萌芽前或花前这段时间所进的修剪工作。由于落叶前树体、叶片及枝梢中的养分向树体骨干枝及根系中回流，树体贮藏养分充足，地上部分修剪后，树体枝芽量减少，能保证树体留下枝芽的营养供应，从而促进树体新梢的生长。树体冬季修剪量越大，这种促进作用越显著。冬季修剪能剪除一部分花芽，从而起到调节树体产量的作用。此外，也能起到调节树体的结构，改进树体生长季节的光照条件和果实品质的作用。

生长期修剪又称为夏季修剪，一般指花后至秋季落叶前任何时期所进行的修剪，夏季修剪在幼树上应用能迅速增加树体分枝级数，达到提早成形的目的；在成龄树上应用主要为了调整树体生长状况，改良树体的通风透光条件，达到提高果实品质以及确保枝条和花芽的健壮发育。由于人们对果品质量的要求越来越严格，因此夏季修剪的应用越来越引起果树生产者的重视。由于夏季修剪去除大量的叶片，减少光合作用器官，对树体生长的抑制作用强。因此，一定要掌握好夏季修剪的程度。

11. 杏和李树怎样整形？

(1)短截 剪去 1 年生枝条的一部分称为短截。剪除 1 年生枝条长度的 1/4 左右，称为轻短截；剪除 1/3～1/2 为中短截；剪除 2/3 的称为重短截；枝条基部仅留 2～3 个芽的短截称为极重短截。

短截后缩短了枝的长度，减少了芽的数量，从而使养分、水分能够更集中地供应剩余的枝芽，并刺激剪口以下的芽萌发和抽出较多、较强的新梢。因此，对1年生枝短截，可以促进新梢生长势，增加长枝的比例，减少短枝的比例，加强局部营养生长，延缓花芽的形成。短截越重，这种作用越明显。因此，在幼树期间要尽量少用。为了整形的需要，对于骨干枝上过长的延长枝，可以进行轻、中短截，以利于发枝扩冠。对部分竞争枝、旺枝和过密枝，在适量疏枝的基础上，少量的也可应用重短截或极重短截的方法培养中小结果枝组。对于枝干背上部分直立枝，也可应用短截和夏剪措施，培养结果枝组。对于生长势偏弱的成龄树，可适当采用中短截方法，以减少花量，促进生长和花芽分化。

(2)疏枝 将1年生或多年生枝从基部剪除叫疏枝。疏枝可以使树体通风透光，增强光合效能，削弱顶端优势，保护内膛的短枝和结果枝，减少营养的无谓消耗，促进花芽形成，平衡枝势。疏枝主要疏除过密的辅养枝、交叉枝、扰乱树形的大枝和徒长枝。一般在较旺枝上去强留弱，在弱枝上去弱留强。疏枝一般对全树或被疏除的枝起削弱生长的作用。削弱的程度与疏枝的部位、疏枝的多少和疏枝造成的伤口大小有关。因此，疏枝时不可一次疏枝过多，要逐年分期进行。李树杏砧木疏枝时伤口流胶，对树势有削弱作用。因此，李树不宜从主干基部疏除，可用留短桩的办法，并注意涂伤口保护剂。

(3)回缩 对多年生枝进行短截称为回缩，也叫缩剪。在控制辅养枝、培养结果枝组、多年生枝换头和老树更新时应用较多。回缩时缩短了枝轴，使留下的部分靠近主干养分运输方便，降低了顶端优势位置，对余下枝条的生长和开花结果有促进作用。回缩改变了先端延长枝的方向，调整枝条的角度和方向，以控制生长势和改善通风透光条件。回缩还可以控制树冠大小。回缩对剪口枝的影响一般是促进生长，但剪口枝弱，开张角度大，又剪去较多的枝条,形成较大的伤口,对剪口枝会有削弱作用。

(4)缓放 也称甩放,对1年生枝条不进行修剪,以缓和新梢的生长势。缓放可以增加母枝的生长量,缓和新梢的生长势,减少长枝的数量,改变树体的枝类组成,促进短果枝特别是花束状果枝的形成,从而有利于花芽的形成,是幼树和初结果树上采用的主要方法。幼树期间对骨干枝上的两侧枝、背下枝、角度大的枝缓放修剪效果非常明显,而对于直立枝、竞争枝、背上枝进行缓放则易形成树上树,破坏从属关系,扰乱树形。因此,对这些枝一般应疏除。另外,结果多的枝要缓缩配合使用,树势较弱、结果多的树,则不宜缓放。

(5)抹芽与疏梢 萌芽或抽枝后,抹掉或疏除部位不当及轮生枝、竞争枝、疏枝剪口处不需要的嫩芽或新梢等。对于冬剪时剪锯口处往往接连萌生旺枝,形成年年去,年年发的情况,用夏季疏梢可解决问题。

(6)摘心和剪梢 在生长季节将新梢的先端部分摘去或剪除。主要应用于幼树和初果期。摘心和剪梢可使枝条加粗生长,摘心和剪梢后,枝条暂时停长10～15天,叶片大而厚。摘心能控制枝梢旺长,促发二次枝,加速骨干枝或枝组的培养,提早成形和促生花芽,提高坐果率。摘心和剪梢的时间、方法视目的而定,如以扩大树冠增加分枝、培养骨干枝为目的,可在新梢长到所需长度时进行。树势旺时,1年内可摘心2次,但不要晚于7月下旬,否则发出的新梢多、不充实、易抽干。如果以抑制新梢旺长、促进分枝、加速枝组的培养、促进花芽形成为目的,可在新梢长至10～15厘米时摘心,二次生长旺盛时可连续摘心,最后在立秋后全部摘心。摘心适宜于成枝力弱的品种。

(7)开张枝条的角度 人为加大新梢和枝条的角度,是李树修剪常用的一种好方法。通过张开角度,改变枝条的角度和方向,控制顶端优势,改善树体的光照,培养大量的结果枝组。在幼树和初果期树应用最多。开张角度的方法有拉枝、拿枝、撑枝，最佳的时间在5月上旬至6月上中旬。

(8)环剥 在树干上剥去一圈树皮，使韧皮部输导组织受阻或短时间被切断，阻碍了有机营养物质沿韧皮部的向下运输，也使沿木质部向上运输的水分、矿物质输导受到一定的影响。环剥对剥口以上的枝梢生长有明显的削弱作用，有利于花芽形成和果实增大。环剥一般应用于幼旺树和适龄不结果树。根据环剥的时间不同、目的不一样。如果为了提高坐果率，可于盛花期进行；如果为了促进花芽的形成，可于5月中下旬至7月上旬进行。环剥时应注意以下几个问题：一是掌握好环剥时间，根据环剥的目的确定环剥的具体时间；二是环剥适宜于旺树、适龄不结果树，而对于幼树一般不宜进行环剥；三是掌握好环剥的宽度，一般掌握在所剥枝直径的1/10。过宽不易愈合，容易出现死树；过窄，环剥效果不明显。

12. 幼树和初果期树修剪的原则是什么?

(1)幼树的修剪 幼树生长旺盛，此时期的修剪原则是以夏剪为主，冬剪为辅，尽快成形，早日结果。主要任务是对主枝和侧枝的延长枝进行短截，以促进分枝，增加枝叶量。短截程度以剪去新梢长度的1/3～2/5为宜，剪口芽除留饱满芽外，应对各类延长枝的竞争枝采取重短截或疏除的方法，控制其无效生长或培养结果枝组。短截程度至瘪芽处，剪留长度为3～5厘米。对主、侧枝上的背上枝要及时疏除或极重短截，剪留长度小于2厘米。对延长枝以下的长枝和有饱满芽的中长枝要缓放，使其萌生短果枝和花束状果枝，尽早结果。中心干上选2～3个枝短截，培养中、小型结果枝组，其余枝条作为辅养枝缓放，使其尽早结果。对树冠内膛的直立枝、交叉枝、内向枝、密生枝要及时疏除，以改善通风透光条件。

(2)初果期树的修剪 初果期树的树形已基本形成。此期修剪的主要任务是继续扩大树冠,合理调节营养生长和生殖生长之间的关系、改善通风透光条件、防止内膛枝枯死,更新复壮结果枝组。修剪方法是冬剪与夏剪应配合使用,仍以夏剪为主。初果期树对各类营养生长枝的处理基本与幼树期相同,只是在此基础上,对各类结果枝或结果枝组进行适当的调整。此期树上的结果枝,一般均应保留。对坐果率不高的长果枝可进行短截,促其分枝培养成结果枝组。中短果枝是主要的结果部位,可隔年短截,既可保证产量,又可延长寿命,从而避免了结果部位外移。花束状结果枝不动。对于生长在各级枝上的针状小枝,不宜短截,以利于其转化成果枝。对生长势衰弱和负载量过大的结果枝组要进行适当回缩或疏除。

13. 盛果期树修剪的原则是什么?

此期整形任务已完成,产量逐年上升,树势中等,生长势渐弱。修剪的主要任务是调整生长与结果的关系,平衡树势,防止大小年的发生,延长盛果期的年限,实现高产、稳产、优质。对树冠外围的主、侧枝的延长枝应进行短截,剪留长度以延长枝的 1/3～1/2 为宜,使其继续抽生健壮的新梢,以保持树势。对衰弱的主、侧枝和多年生结果枝组、下垂枝,应在强壮的分枝部位回缩更新或抬高角度,使其恢复树势。对连续结果 5～6 年的花束状果枝应在基部潜伏芽处回缩,促生新枝,重新培养花束状果枝。对树冠内的长、中、短果枝多短截,少缓放,一般中果枝截去 1/3,短果枝截去 1/2;这样不仅可减少当年的负载,也可刺激生成一些小枝,为翌年的产量做准备,同时还可以防止内部果枝的干枯,避免内膛空虚、光秃。对主、侧枝上的中型枝(手指粗细)和过长的大枝可回缩到 2 年生部位,以免其基部的小枝枯死,避免结果部位外移。内膛发出的徒长枝,只要有空间尽量保留,可在生长季连续摘心,或冬季重短截,促生分枝，培养结果枝组。对树冠外围多年生枝，要有放有缩，以改善通风透光条件。

14. 衰老期树修剪的原则是什么？

进入衰老期的树，各级骨干枝生长弱，树冠外围枝条的年生长量显著减小，长3～5厘米，甚至更短。骨干枝下垂，内膛严重光秃，只在树冠外围结果。修剪的主要任务是更新骨干枝和枝组，恢复和增强树势，延长经济寿命。对骨干枝更新回缩的顺序是按原树体骨干枝的主从关系，先主枝后侧枝依次进行程度较重的回缩。主、侧枝一般可回缩至3～5年生或6～7年生枝的部位，为原有枝长的1/3～1/2，回缩时要在较壮的分枝处一次完成。骨干枝回缩后，对其上的枝组和多年生枝以及小分枝也要回缩。

大枝回缩后，对抽出的更新枝，应及时选留方向好的作为骨干枝，其余的及时摘心，促发二次枝，形成果枝。对背上生长势强的更新枝，可留20厘米左右摘心，待二次枝发出后，选1～2个强壮者在30厘米处进行第二次摘心，当年可形成枝组并形成花芽。对内膛发出的徒长枝，也要用以上办法把其培养成结果枝组，填补空间，增加结果部位。在对衰老树更新前的秋末，应施适量基肥，浇足封冻水；更新修剪后结合浇水每株再追施速效氮肥0.5～1千克，更新树翌年就会有可观的产量。

15. 对放任树修剪的原则是什么？

我国不少李、杏产区有相当部分树不整形、不修剪、任其自然生长。这类树通常是树形紊乱，大枝多而拥挤，主从不明，层次不清，内膛空虚、光秃，外围枝条郁闭，产量低而不稳，大小年现象严重。

改造的方法是疏除过密、交叉、重叠的大枝，打开光路，使通风透光良好，选留5～7个方向好，生长健壮的大枝作主枝。疏除大枝时，要逐年逐次地进行，1 年疏除 1～2 个，翌年再疏除 1～2 个，避免一年内造成伤口过多，影响树势。对外围和内膛的密生枝、交叉枝、枯死枝、内向枝等也要疏除。但对内膛发出的徒长枝和新梢要尽量保留，并加以利用，培养成枝组，以充实内膛。

16. 对小老树如何修剪？

(1)形成原因 形成小老树的原因很多，但总的来说，可归纳为 3 个方面：

第一，苗木本身质量所致，即苗木瘦弱、根系差（须根少、断根多、冻根或病根等）。

第二，栽培环境差，即土壤贫瘠、干旱、缺肥水等。

第三，由栽培方面所致，即管理粗放、连年遭病虫危害、定植穴小、栽培过深或过浅等。

(2)解决方法 应该先找出造成小老树的原因，然后才能有针对性的采取有效措施。总的原则为：首先，要加强土肥水管理，如丘陵坡地和沙荒地土薄，水肥流失严重，应深翻客土，多施有机肥改良土壤，提高土壤肥力，并做好水土保持工作。其次，要抓住病虫害防治这个关键问题，即对小老树的地上部和地下部病虫害应及时防治，做好护叶养根工作。再次，修剪问题不可忽视，要去弱留强，且忌枝枝打头不要把好的叶芽去掉，尽量少去大枝，减少伤口。小老树以恢复树势为主，应少结果或不结果，待转旺后再结果。此外，小老树一般根系衰老，吸收功能差，除深翻、扩穴施肥外，萌芽后应多次进行根外追肥，以利于梢叶转旺，从而促进根系的新根发生。

17. 保花、保果的措施有哪些？

(1)高接换种 对丰产性确实差、品质不佳、经济效益低的劣质品种，应采取改接优良品种的方法，从根本上解决问题。郑州市郊区果农将 30 株 8 年生杏改接成早金蜜杏，第二年开始结果，第三年可以恢复到原来的产量。河南省中牟县某试验场将20余株5年生实生杏树改接成凯特杏，第二年平均株产25千克，最高株产达40千克。

(2) 配置适当的授粉品种 选择与主栽品种杂交亲和性强、花期一致、花粉量大、花粉生活力强的品种作授粉树，授粉树以株间插栽为宜，授粉树与主栽品种的比例根据栽植密度而定，一般为1∶4～5。暂时无授粉树或授粉树较少时，可采用人工辅助授粉的方法来解决。人工辅助授粉最好同花期喷水或喷0.3%的硼砂水溶液结合起来，可明显提高坐果率。

(3)加强土肥水管理 此项措施是低产杏园改造的前提和基础。只有加强土肥水管理才能保证树势恢复所需的各种营养。具体实施的主要内容为深翻土壤、扩大树盘、树盘覆草、追施有机肥和化肥，在较干旱的季节及时浇水。在肥水缺乏的地方可采用穴贮肥水、地面覆膜和地面覆草等技术。

(4)加强病虫害防治 病虫害猖獗是造成杏园低产的重要原因之一。长期放任生长、管理粗放，不仅经济效益低下，而且还促进了病虫害的蔓延。因此，要改造低产杏园必须抓好除虫灭病工作。低产杏园往往是多种病虫复合侵染。因此，除针对具体的病虫实施喷药防治外，更应注意综合防治。在冬春应细致地进行刮树皮和涂白工作；萌芽前喷布5波美度的石硫合剂，达到淋洗程度；清除园内杂草，捡拾病虫落果，结合修剪彻底清除病虫枝，并应做好填堵树洞等树体保护工作。

(5)适度修剪 各产区低产杏园，大多不修剪，任其自然生长，树冠郁闭，树形紊乱，树冠内膛空虚、光秃，只在外围结果。此类树在加强肥水管理的基础上应进行合理修剪，适当疏除一部分大枝，调整树体结构，打开光路。对一些基部光秃的骨干枝和大型枝组应进行重回缩，促生新枝。实践证明，对放任低产杏园改造修剪时应掌握轻重，以适度修剪、逐年复壮、因树修剪、随枝造型为原则，既可达到恢复树势的目的，也可迅速增加产量，同时还可避免由过重修剪而造成的病害蔓延和产量的急剧下降。对树体生长过旺，花芽量少而造成低产的杏园，修剪时应对中心干、主侧枝延长枝进行短截，其余枝全部进行缓放拉枝和疏枝处理。另外，土壤根施10～15克多效唑液或叶面喷施多效唑200～400倍液，也可明显减少杏树新梢生长量，显著增加花芽数量。

18. 如何进行人工辅助授粉？

(1)花粉的准备 在开花的前1～2天，采摘授粉品种大蕾期的花蕾（呈气球状）或初开的花。将花瓣掰开，在一个细铁筛上揉搓，收集筛下的花药。在温度为20℃～25℃的室内晾干。放在比较光滑的纸上，经1昼夜花药即可开裂散出黄色花粉。将花粉收集于广口瓶中，并置于冷凉处保存备用。为了经济有效地使用花粉，在使用前可用滑石粉或甘薯淀粉等稀释剂将花粉稀释，比例（重量比）为1∶5（即1份花粉用5份稀释剂）。为使二者充分混合，可用细筛反复筛1～2次。

(2)授粉 点授或抖授均可。点授是将稀释过的花粉，分装成小瓶（装青霉素的小瓶即可），用一个小橡皮头棒或小棉团棒作授粉笔，蘸取花粉向已开花的柱头上抹，使柱头布满花粉。抖授是用两层纱布包裹花粉，扎成小包，拿着小包在花上抖动，使花粉落在柱头上。点授准确，但效率低；抖授快，但费花粉。

在劳力缺乏、水源充足的地方，可将花粉配成5 000倍的水悬液喷雾，效果亦佳。花粉水悬液应随配随用，不能久放。因贮放1小时后，花粉会因吸水而涨破。

19. 如何防止杏和李树花期受冻害？

杏树花期正是气温剧烈变化的季节，常有寒潮或大风降温天气，晚霜时有发生，对花芽、花和幼果的危害极大，往往造成减产或绝产,2004年3月1日至3日在杏树大蕾期,河南省的郑州、周口、洛阳、安阳等地气温突降,使杏树遭受冻害,冻花率高达51.9%,造成大面积减产。因此,如何有效地预防花期霜冻,是我国杏产区争取高产稳产的重要问题和迫切任务之一。

预防霜害的措施很多。除了合理选择园址和选用抗寒晚花品种之外,在霜冻来临前采取一些必要的措施也可免除或减轻霜害的程度。熏烟法和浇水法最为简便有效,适于大面积采用。

(1)熏烟法 是我国传统的果园防霜方法。熏烟之所以能预防霜害,主要原因在于:一是点燃烟堆本身就施放热量,提高了果园的温度;二是由二氧化碳和水蒸气所形成的烟幕阻止了冷空气的下沉与流动,减少了地面热量的辐射,从而使果园的气温不致下降到引起冻害的临界温度(初花期为-3.9℃,盛花期为-2.2℃,幼果期为-0.6℃)。熏烟堆通常是由作物秸秆、落叶、杂草等堆成。为了产生大量烟雾,不宜有明火发生,故宜在熏烟堆上盖些潮湿的材料或压一薄层细土。熏烟堆应放在果园的上风头,每堆用柴草25千克左右,每667平方米以6～10堆为宜,堆的大小应根据熏烟材料而定。实践证明,以落叶的熏烟效果最好,应在秋季就地收集落叶,以备熏烟之用。如无柴草落叶可用,也可将硝酸铵、柴油、锯末按3∶1∶6的重量比混合制成烟雾剂。烟雾剂的堆间距约为30米,具体情况视风力、风向而定。

为了及时有效地防霜,又不浪费燃料,烟堆布置和点火的时间可以用山西省农业科学院园艺研究所开发的防霜自动报警器,设置好临界温度后,温度降至临界时就会自动报警,信号直接发到手机上,在接到霜冻预报后,及时组织人力,立即点火。试验表明,熏烟可提高果园的气温2℃以上,从而可有效地预防霜冻。霜冻多发生在凌晨3～6时。

(2)浇水法 熏烟法对于预防霜冻是比较有效的,但对大风降温带来的寒潮侵袭,对平流霜冻引起的冻害,效果则不佳。主要原因是大风不仅会吹散烟雾，而且还会加剧树体内水分的蒸发，使冻害程度加重。因此当有大风降温预报时，以浇水防冻效果最好。浇水不仅可降低地面霜冻，而且还可补充树体水分，增加空气湿度，提高露点温度，从而降低冻害程度。同时，浇水也可以推迟花期 3～4 天，有利于避开霜冻。

(3)喷保温剂 花蕾期和幼果期喷保温剂，可有效地抵御大风和低温对杏花及幼果的伤害，能提高坐果率 50%～60%，但不宜在盛花期喷布，以免影响授粉。保温剂的浓度以 1∶60 为宜，过稀效果较差，过浓有伤害作用。根据辽宁省干旱地区造林研究所的研究，叶面增温剂和磷脂钠都有防止幼果受冻的作用。

(4)药剂防霜 在花芽膨大期喷青鲜素 500～2 000 毫克/升溶液，可推迟开花期 4～6 天；在花芽稍微露白时喷石灰乳(按水∶生石灰为 50∶10 的重量比配制，同时加 100 克柴油)，也可推迟花期 5～6 天。

还有一些现代防霜措施，但都需要有一定的设备，而且需要消耗大量的能源、水源，如喷水、喷雾防霜装置，各种果园增温器和吹风机等，在条件较好的地方可以试行。

对于冻害、霜害比较严重的地区除了在霜冻期直接预防外，还可采用一些推迟开花的措施。冬季重剪配合夏季摘心，多培养副梢果枝。因二次枝或三次枝上的花芽形成得晚，翌年萌动和开放得也晚，故可以躲避晚霜。

20. 暴雨过后的树体怎样管理?

果树受淹后，根系易因缺氧而导致细根死亡，并危及大根，导致烂根死树。同样，果树树冠枝、叶、果与根系受淹程度相对应，新梢卷缩、焦枯，叶片失绿、干枯或脱落，果实失水脱落或开裂。为减少涝害损失，果树受涝后应积极采取措施，加强果树的灾后管理，恢复树势，恢复生产。

(1)地下管理

第一,暴风雨过后,地温急剧下降,地面出现积水,由于土壤的通透性差而造成根系呼吸作用减弱,根系活动能力降低,特别是杏、李这类对积水比较敏感的核果类果树,地面积水极易烂根死亡。因此,首要的工作就是排除果园内积水,然后对果园全面中耕,深度20厘米左右,并撒施多菌灵消灭地下病菌。通过疏松土壤,增加土壤透气性,提高地温。促使根系恢复吸收水分和养分的功能。

第二,加强肥水管理,加大施肥量,保证各种养分的供应。果树受涝后根系受损,吸收肥水的能力较弱,不宜立即施肥,可结合病虫害防治,在药液中加0.3～0.4%尿素和0.2%～0.3%磷酸二氢钾叶面喷布,为提高光合效率,还可喷2～3次腐殖酸。为提高枝条抗寒能力,待树势恢复后,施肥量比常规量要多并做到少量多次,保证肥水供应,可提高枝条抗寒能力。再土施腐熟的人、畜粪尿、饼肥或尿素,诱发新根,秋后早施基肥,增强有机肥的施入量,并加入少量尿素,促使根系深扎。

(2)树上管理

第一,对被洪水冲倒的树要尽快扶正树体,外露根系要重新埋入土中,培土覆盖,必要时还可架设支柱防止摇动。及时清除树上杂物及病枯枝叶,洗去叶面泥土。

第二,果实受伤、枝叶受损,整个树体生命力降低,此时各种细菌极易侵入并造成病害严重发生,从而造成死树。因此,首先要加强病虫害防治工作,保护树体。可用退菌特、胂·锌·福美双、代森锰锌、波尔多液、多菌灵等杀菌剂交替防治,每15天左右喷1次药,这样就能使受损枝叶、果实免受病菌侵害,保护好叶片,保证光合作用的正常进行,加速树势的恢复。其次应及早摘除受损果实,剪除受损严重的枝条,清理地上落果和落叶,减少传染源。

第三,加强灾后修剪。由于受涝树根系吸收肥水能力弱,为减少枝叶水分蒸发和树体养分消耗，控上促下，保持地上部与地下部平衡，必须进行修剪。一般重灾区树修剪稍重，轻灾区树宜轻；根系腐烂、落叶严重的树应回缩多年生枝，并适当断根换土；树体和生长势正常的成龄树，只剪除黄叶和枯枝，任其挂果；幼树、衰弱树或病害严重树应摘去部分或全部果实，配合抹芽控梢，促发健壮秋梢。着重疏除过密枝，打开光路，提高内膛见光率，疏除细弱枝，减少养分的消耗，适当回缩部分过长枝，对萌发的新梢及时摘除，促使枝条、芽充实，提高抗冻越冬能力；冬季不修剪；翌年春季发芽前及早喷布 5 波美度的石硫合剂，继续加强病虫害防治工作；进行早春修剪，剪除过多的花芽，并适当进行枝组回缩。

第四，涂白果树树干。受涝后容易引起大量枯落叶，主干主枝暴露于烈日下，易发生日灼。可用生石灰、石硫合剂、食盐和水配成石灰浆涂刷主干，同时还可防止天牛等害虫在枝干上产卵。

21. 杏和李树的高接换优有什么重要意义？

高接换种是调整品种结构的重要手段，是满足市场消费需求的捷径，高接换优是快速更新劣质品种，提高果品质量、产量的好办法。它可减少育苗、栽植建园等环节，达到改良品种、早果、优质之目的。在现有果园面积较大，果品市场竞争激烈、新品种层出不穷的状况下，高接换优必将作为一项提高果品质量、产量的捷径技术而大面积应用。

高接换种可以缩短更新时间，过去更新 1 个品种的周期需要 15～20 年，现在可以做到 1 年高接，2 年恢复树冠，3 年丰产，比新定植果园提前 2～3 年进入盛果期，在较短时间内就能提高果品质量，一方面能满足消费者需求，另一方面也增加了果农的经济收入。

高接换种有利于优良品种的推广，优良品种高接后进入结果期快，优质果率增加，经济收入明显增长，可以加速优良品种的推广。

五、果园管理标准

1. 如何进行杏和李园的管理?

(1)深翻熟化 土壤深翻可改良土壤结构和土壤理化性质。深翻结合施有机肥料,能促进土壤团粒结构的形成,增强土壤的通透性,提高土壤保水、保肥能力,使根系能够向纵深处扩展;从而促进地上部的健壮生长,充实花芽,提高产量和果实的品质。深翻的时期一般在春、夏、秋3季均可进行,但以秋季较为适宜。深翻的深度以果树主要根系分布层稍深为度,并要考虑土壤结构和土质。若山区薄地,或土质较黏重等,深度一般要求在80～100厘米;沙质土壤,土层深厚,深度在60厘米左右即可。

(2)树盘管理 刨树盘是一项重要的土壤管理措施。一般春季必须进行1次,刨土深度为15～20厘米,以后根据杂草的生长情况及时松土、除草。目前,树盘覆盖杂草、作物秸秆等,或覆盖农膜应用得越来越多,其效果极佳。

树盘覆盖杂草、作物秸秆有明显的保墒效果,可减少浇水次数,抑制树盘下的杂草生长。同时,覆盖的有机物腐烂后还可增加土壤有机质含量,改善土壤的理化性质,促进根系和新梢的生长,提高产量和果实品质,对延迟花期、避免晚霜危害也有一定的效果。覆盖厚度一般为15～20厘米,草或秸秆腐烂后继续覆盖。密植果园在深翻后可沿定植行树下全部覆盖。

树盘下覆盖农膜具有明显的增温、保湿效应,可明显提高定植苗成活率。栽苗后浇1次水即覆膜,全年不浇水,苗木成活率可达95%以上。方法为用一块1平方米的塑料薄膜,从定植苗的干上套下,四周用土压紧,并筑起土埂,使树盘里低外高,农膜相接处用土压紧，在树盘中央最低处将农膜扎一孔，并用土块压住，注水或降水时，水可从此孔渗入土壤中。高密度果园可沿定植行树下全部覆膜。据辽宁省报道，多年覆膜与不覆膜的4年生果树相比，前者比后者单位垂直面积上的根系数量可增加33%～70%，干径增长16%，1年生枝长度增长60%。

(3)行间管理 幼树期树冠较小，为充分利用土地和光能，并弥补新栽果园早年无产品而造成的经济损失，达到“以短补长”的目的，可在果园行间合理间作。间作物和定植树之间要留一定距离的营养带，并且要采用矮秆和浅根作物，种类以花生、红薯、豆类、瓜类、甘蓝菜及草莓为宜。对树冠已接近彼此搭接的成龄果园，不宜再种植间作物，可种植绿肥作物。果园种植绿肥，既可抑制杂草生长，壮树、增产，又能改良土壤，达到以园养园的目的。适于果园种植的绿肥有1年生的毛叶苕子、乌豇豆、蚕豆以及其他豆科作物，还有多年生的沙打旺、紫穗槐、草木樨、三叶草等。绿肥除了集中刈割埋压、树盘覆盖等直接利用外，还可先作饲料后变肥料的间接利用。

2. 大量元素对杏、李树生长与结果有什么影响？

氮、磷、钾是果树生长结果必不可少的主要元素。据资料报道，杏树要健壮生长，达到优质高产，叶片中主要元素最适宜的含量为：氮2.8%～2.85%、磷0.39%～0.4%、钾3.9%～4.1%，叶片中的氮与钾的比率保持在0.86～0.92，就可以达到最高的产量水平。营养元素的作用及在土壤中的形态特征，当杏和李树缺少某种元素或某种元素过多时，常常会表现一些症状：

(1)氮 氮是树体中蛋白质、酶类、核酸、磷脂、叶绿素及维生素等的重要组成成分。可促进营养生长，延迟衰老，提高光合效能和产量，增进果实品质。氮素不足，影响蛋白质形成，使树体营养不良，枝梢细弱，叶片变黄，生长发育受到抑制。土壤氮素不足时果仁不饱满。氮素过量，树体徒长，花芽分化不良，落花落果严重，果实品质、产量均降低。

缺氮时叶片小，呈灰黄绿色，树体生长势衰弱，坐果差，果个变小，产量下降。氮素过多，能引起流胶，生长过旺，推迟结果，果实品质欠佳。

(2)磷 磷是植物细胞中形成原生质和细胞核的主要成分，因而磷素能增强树体的生命力，促进花芽分化、种子和果实的正常发育成熟，并提高果实品质；提高根系吸收能力，增强树体抗旱、抗寒能力。土壤磷肥不足时，酶活性降低，影响碳水化合物和蛋白质代谢，展叶开花推迟，根系生长不良，叶片变小，花芽形成不良等。磷素过多，影响氮、钾的吸收，使土壤和树体中的铁元素不活化，使叶片黄化。

缺磷易引起生长停滞，枝条纤细，叶片变小、脱落，坐果率低，产量大减。磷素过量会抑制氮素和钾素的吸收，引起生长不良。

(3)钾 钾不是组织成分，但与许多酶的活性有关。对碳水化合物代谢、蛋白质、氨基酸合成及细胞水分调节有重要作用。钾元素不足时，叶色变淡、叶小而皱缩卷曲、叶缘焦枯。新枝变细、节间变短，生理落果多，产量低，花芽少。钾素过多时，会降低吸收镁的功能，使树体出现缺镁症，这样又影响了钙和氮的吸收。

缺钾时叶片小而薄，黄绿色，光合效率低，叶片枯焦，影响树体的生长和结果，严重时整株枯死。

3. 微量元素对果树生长与结果有什么影响?

硼、铁、铜、钙、镁、锌在杏树的生长发育过程中，也起着重要作用，如缺乏时，也会对杏树产生不良影响，常见的症状为：

(1)缺硼 小枝顶端枯死，叶片小而窄、卷曲、尖端坏死，叶脉、脉间失绿；果肉中有褐色斑块，核的附近更为严重，常常引起落果。硼素过多，1～2 年生枝显著增长，节间缩短并出现胶状物；小枝、叶柄、主脉的背面表皮层出现溃疡;夏天有许多新梢枯死,顶叶变黑脱落;坐果率低,果实大小、形状和色泽正常,但早熟;有少数异常的果实上,有似疮痂病的疙瘩,成熟时才脱落。

(2)缺铜 新梢先端干枯,生长停止,促使侧芽萌发生长。

(3)缺铁 起初新梢顶端的嫩叶叶肉变黄,叶脉两侧仍保持正常绿色,叶片出现绿色网络状。随病势发展和加重,叶片失绿程度逐渐加重,甚至整片叶变白。在失绿部分还出现锈褐色枯斑,或叶缘焦枯,数斑相连,使叶片大部分焦枯,引起落叶。盐碱地和碱性土壤里,大量可溶性二价铁易转化成植株不易吸收的不溶性三价铁,造成失绿现象。

(4)缺钙 轻度缺钙时,幼根根尖停长,而皮层却继续加粗,距根尖较近处生出许多新根。缺钙严重的树,幼根逐渐死亡,死根附近活的组织中又长出新根。故许多短而粗又有许多细分枝的根,是根部缺钙的典型症状。地上部缺钙症状,常在新梢抽生几厘米乃至十几厘米时出现,先端幼叶开始变色,叶面上形成淡绿色斑,经1～2天即转茶褐色并形成坏死区,叶片尖端下卷。缺钙时,应注意不可偏施钾肥。

(5)缺镁 初期叶色浓绿,少数幼树新梢顶端的叶片稍有褪绿。然后在新梢基部成熟叶片外缘的叶脉间出现淡绿色斑块,再变成黄褐色或深褐色,经1～2天后,病叶卷缩脱落。幼苗缺镁时,先由基部叶片开始变色脱落,逐渐向顶部发展,最后只剩下一些淡绿色叶片留在顶端。缺镁时,果实变小,而且色泽不鲜。缺镁常见于酸性土壤,尤其在夏季雨后症状特别明显。

(6)缺锌 杏树缺锌时,新梢生长受阻,叶小而脆,丛生,通常称小叶病。

4. 肥料有哪些种类?各种肥料的营养成分如何?

肥料分为有机肥和无机肥两大类。有机肥包括动物的粪便、腐烂的作物秸秆及油料作物出过油的饼。有机肥料来源广、潜力大，既经济又容易得到。无机（化学）肥料具有养分含量高、肥力大、肥效快等特点，但养分单纯，不含有机物，肥效短。

(1)有机肥料 有机肥含有丰富的有机质和腐殖质，以及果树所需要的各种大量元素和微量元素，并含有多种激素、维生素、抗生素等，称为完全肥料。但养分主要是以有机态存在，果树不能直接利用，必须经过微生物的发酵分解，才能被果树吸收利用。多施有机肥不仅能供给果树生长需要的各种营养元素，还能改良土壤，提高土壤肥力。有机肥的肥效长而稳，但见效较慢。不同有机肥料营养成分见表 5-1。

表 5-1 常用有机肥料营养成分含量 （%）

肥料名称	有机质含量	N 含量	P_2O_5 含量	K_2O 含量	CaO 含量
土杂肥	—	0.2	0.18～0.25	0.7～2.0	—
猪　粪	15.0	0.56	0.40	0.44	—
猪　尿	2.5	0.30	0.12	0.95	—
牛　粪	14.5	0.32	0.25	0.15	0.34
牛　尿	3.0	0.5	0.03	0.65	0.01
马　粪	20.0	0.55	0.30	0.24	0.15
马　尿	6.5	1.20	0.01	1.50	0.45
羊　粪	28.0	0.65	0.50	0.25	0.46
羊　尿	7.20	1.40	0.03	1.20	0.16
人　粪	20.0	1.0	0.50	0.31	—
人　尿	3.0	0.50	0.13	0.19	—
大豆饼	—	0.70	1.32	2.13	—
花生饼	—	6.32	1.17	1.34	—
棉籽饼	—	4.85	2.02	1.90	—
菜籽饼	—	4.60	2.48	1.40	—
芝麻饼	—	6.20	2.95	1.40	—

(2)无机肥料(化学肥料) 长期单纯使用化学肥料,会破坏土壤结构,使土壤板结,肥力下降,必须注意配合有机肥使用。氮素肥料的主要种类有硝酸铵、碳酸氢铵、尿素等;磷肥的主要种类有过磷酸钙、磷矿粉等;钾肥的主要种类有硫酸钾、氯化钾等。还有2种以上元素组成的复合肥料、果树专用肥等。常用化学肥料养分含量见表5-2。

表5-2 几种化学肥料养分含量表 (%)

名　称	养分含量
硝酸铵	34.0
碳酸氢铵	17.0
硫酸铵	20.0～21.0
磷酸二铵	氮16～21;磷46～53
硫酸铵	34.0
氯化钾	50～60
尿　素	46.0
过磷酸钙	钙16～18

果树是多年生作物,长期固定在同一地点,每年生长、结果都需要从土壤中吸收大量的营养元素。为了保证幼树的提早结果、早期丰产和大树的稳产、高产、优质、健康长寿,必须及时补充施肥,才能满足果树生长和结果的需要。根据果树生长时期和生长发育状态的不同,选用不同肥料的种类,基肥多用迟效性有机肥料,逐渐分解,供果树长期吸收利用。追肥选用无机肥,因无机肥的肥效快,果树易吸收。

5. 常用的施肥方法有哪几种?

(1)土壤施肥 土壤施肥应尽可能地把肥料施在根系集中的

地方，以便充分发挥肥效。果树吸收根多集中分布在树冠外围下面的土层中，因此在树冠外施肥效果最好。土壤施肥的方法有：

①环状沟施　在树冠外缘开环状沟施肥。沟在树冠外缘里外各一半，有利于根系吸收和扩展。

②放射状沟施　以树冠为中心，离树干1米，向外开挖6～8条放射沟。沟长超过树冠外缘，沟里浅外深。

③开沟施肥　在果树行间开沟，开沟时把生土层和熟土层分开放置，有机肥和熟土充分拌匀填入沟内，生土层留在地表进行风化。

④全园撒施　在生草的果园中进行地面撒施，与草一起3～5年深翻1次，把草深埋入地下。

(2)根外追肥　果树需要的营养从根部以外供给的方法。有叶面喷施和主干注入等。但叶面喷肥不能代替土壤施肥。据报道，叶面喷氮素后，仅叶片中的含氮量增加，而其他器官的含量变化较小。这说明叶面喷氮在转移上还有一定的局限性。而土壤施肥的肥效持续期长，根系吸收后，可将肥料元素分送到各个器官，促进整体生长；同时，向土壤中施有机肥后，又可改良土壤，改善根系环境，有利于根系生长。

叶面喷肥即把肥料溶于水中，用喷雾器或喷枪喷洒在果树叶片上，肥料通过叶片的气孔和角质层渗入叶片，一般喷后15分钟至2小时即可被果树叶片吸收利用。叶面喷肥简便易行，用肥量小，发挥作用快，可及时满足果树的急需；并可避免某些肥料元素在土壤中的化学和生物固定作用。尤其在缺水地区或缺水季节，以及不便施肥的山坡，均可采用此法。

土壤施肥和叶面喷肥各具特点，可以互补不足，如能运用得当，可发挥肥料的最大效果。

6. 叶面喷肥时要注意哪些问题?

第一,关于肥料与农药或生长剂的混喷问题。混喷虽然可以节省劳力和提高效果,但混喷不当,反而会降低肥效和药效,有时还会造成药害。因此,在混喷时,必须首先了解肥料与农药的性质,如尿素属中性肥料,可以和多种农药及生长剂混喷;而草木灰则属碱性肥料,不能与中性或酸性肥料、农药混喷;一般酸性肥料只能与酸性肥料或农药混喷,碱性肥料与碱性肥料或农药混喷;酸性肥料与碱性肥料或农药混喷,酸碱中和会降低药效。

第二,喷洒浓度。喷洒浓度过高会对果树造成肥害或抑制生长;浓度过低,达不到喷洒的效果。因此,在喷洒前要做小面积喷洒试验,然后再大面积喷洒。根据以往叶面喷肥的经验,一般大量元素肥料的施用浓度为 0.1%～0.3%;微量元素肥料浓度为 0.02%～0.05%。

第三,喷洒时间。以当日上午 9 时以前、下午 16 时以后进行为宜。因为中午前后日照强 、温度高,肥液易蒸发浓缩变干,难以渗入叶内,影响喷洒效果。阴云天气,可全天喷。若喷后 1 天内遇雨应补喷。每年喷洒 2～3 次,每次相隔 10 天左右。

第四,为了提高喷洒效果,可在配好的肥液中,加入少量湿润剂(或称展着剂)、中性肥皂、洗衣粉、洗涤剂等,可降低肥液的表面张力,增大其与叶片接触面积。此外,还可以在化肥液中加入少许黏着剂,如皮胶等。湿润剂或黏着剂的数量,一般为 0.2%～0.3%。果树根外喷施大量和微量元素肥量的浓度见表 5-3 。

表 5-3　常用果树根外喷肥种类及浓度

元素名称	肥料名称	使用浓度（%）	年喷次数（次）	备　注
氮	尿　素	0.3～0.5	2～3	可与波尔多液混喷
氮、磷	磷酸铵	0.5～1.0	3～4	生育期喷
磷	过磷酸钙	1.0～3.0	2～3	果实膨大期开始喷
钾	硫酸钾	1.0～1.5	2～3	果实膨大期开始喷
钾	氯化钾	0.5～1.0	2～3	果实膨大期开始喷
磷、钾	磷酸二氢钾	0.2～0.5	2～3	果实膨大期开始喷
钾	草木灰	1.0～6.0	每隔 15～20 天 1 次	不能与氮肥、过磷酸钙混用
铁	硫酸亚铁	0.5～1.0	2～3(花育期)	幼叶开始生绿时喷
硼	硼　砂	0.2～0.3	2～3(花育期)	土施 667 平方米 0.2～2.0 千克，与有机肥混施
硼	硼　酸	0.2～0.3	1～2	土施 667 平方米 2～2.5 千克，与有机肥混用
锰	硫酸锰	0.2～0.4	1～2	土施 667 平方米 1.5～2.0 千克，与有机肥混用
铜	硫酸铜	0.1～0.2	2～3(生长前期)	土施 667 平方米 10～100 千克，与有机肥混用
钼	钼酸铵	0.02～0.05	发芽前	土施 667 平方米 4～5 千克 花后 3～5 周喷效果最佳
锌	硫酸锌	2.0～3.0 0.1～0.2 0.3～0.5	1(发芽前) 1(展叶) 1(落叶前)	
钙	氯化钙	0.3～0.5	2～3	
镁	硫酸镁	1.0～2.0	2～3	

7. 不同类型土壤的施肥原则是什么?

(1)黏土 一般含有机、无机胶体多,阳离子交换容量大,土壤保肥能力强,养分不易流失。但黏土供肥慢,施肥后见效也慢,这种土壤“发小苗不发老苗”。即肥效缓而长,土壤紧实,通透性差,树木发根困难。施肥时,农家肥应是腐熟较好的农家肥,以马粪、鸡粪等热性肥料最好。施化肥时,一次多施不会烧苗或流失,但如果氮肥过多,后期肥效充分发挥出来,影响花芽形成,枝条贪青不落叶,树体抗性差,产量低。化肥特别是磷肥,在黏重土质中扩散速度慢,追肥时应尽量靠近根系,提高肥料利用率。黏土在耕层里适当掺和沙土,对改善供肥有好处。

(2)沙土 一般有机质养分含量少,肥力较低,阳离子代换量小,保肥能力差。但沙土供肥好,施肥后见效也快,这种土壤“发小苗不发老苗”,肥劲猛而短,没后劲。沙土施肥与黏土不同,沙土要大量增施有机肥,提高土壤有机质含量,改善保肥能力。由于沙土通气状况好,土性暖,有机质易分解,施用未完全腐熟的有机肥料或牛粪、猪粪等冷性肥料也无妨。有条件的地区可种植耐瘠薄的绿肥,以改良土壤理化性状。施用化肥时,一次量不能过多,容易引起“烧苗”或造成养分流失。所以,沙土地施化肥,应少量多次,化肥结合有机肥使用,可以提高肥效。沙土地在果树根系附近掺和黏土,对增强保肥能力有好处。

(3)盐碱土 是盐土和碱土的总称。盐土是含盐分(氯化物和硫酸盐)较高的盐渍化土壤,土壤碱性(用 pH 值表示)不一定高;而碱土是含碳酸盐或重碳酸盐的土壤,pH 值较高,土壤呈碱性。盐碱土的共性是有机质含量低,土壤理化性状差,对作物生长有害的阴、阳离子多,土壤肥力低。施肥的总原则是,以增加有机肥料为主,适当控制化肥。有机肥中含有大量有机质,可增加土壤对有害离子的缓冲能力,有利于发根、保苗。在有条件的地方,可以大量采用秸秆还田，种植能耐盐碱的绿肥等办法，减轻盐碱对树体的危害。化肥不宜多施，避免加重土壤次生盐渍化。增施磷肥，适量施用氮肥，少施或不施钾肥。碱性土壤应多施生理酸性肥料，如过磷酸钙、硫酸铵等，对改良碱性土壤有利。追肥要根据缺肥情况，及时补充。

8. 无公害果品生产土壤培肥技术是什么？

土壤肥力的保护和维持是有机农业管理中的主要生产技术，其功能是促进土壤分解，产生出有机和无机营养物质，提高土壤肥力，有利于果树根系生长和对营养物质的吸收；同时，能增进土壤中动植物的活性。在有机作物生长过程中，使土壤能提供果树生长发育所需的营养元素，包括氮、磷、钾等大量元素和钙、镁、钼等微量元素。

(1)菌肥 菌肥指有益微生物经液体发酵生产而成的液体活菌制品，或菌液经无菌载体吸附成的固体活菌制品。这些产品的质量必须符合国家标准，同时经国家农业部微生物肥料质量检验中心登记。这些菌肥主要用于蘸根、叶面喷施、秸秆腐解、堆肥发酵等。

(2)堆肥 堆肥是利用有机农业生产体系内的有机生活垃圾，人、畜、禽粪便、秸秆残料、有益的杂草和水生植物等为原料，混合后按一定的方式堆积、发酵而成的有机肥料。堆肥是在好气(不作密封)的条件下，将秸秆、粪尿、河塘泥等按一定比例(有条件的可加入发酵剂)堆制而成。堆制可以放在地势较高的积肥场(厂)上进行。具体方法是在地下挖几条通气沟，沟以 10 厘米×10 厘米的宽、深较为合适，长度不限。沟上横铺一层长秸秆，中央垂直插入一些秸秆束或竹竿以利于通气。然后铺上切碎的秸秆，铺到宽 3～4 米，厚度 0.6 米左右时，换铺粪便，并稍撒上些石灰或草木灰。然后再铺秸秆，再铺粪便……如此一层一层往上堆积，形成长梯形大堆。最后在堆的表面覆盖一层0.1米厚的细土或塘泥封闭。堆肥在堆后的3～5天内，堆内温度显著上升，可达60℃～70℃，能维持15天。堆肥全过程1个月，其效果可保证杀死堆内任何危害人体健康和作物正常生长的病原菌、寄生虫卵、杂草种子。目前，许多有机农业生产基地都自己建设有机肥堆库或堆肥仓。这种设施不仅操作方便，而且对环境卫生也十分有利。堆肥的技术要求和卫生标准见表5-4。堆肥堆制的另一种方式是有机肥料在畜禽圈舍自然堆积而成，这种堆肥又称为厩肥。

表5-4　堆肥的技术要求和卫生标准

项　目	技术要求及卫生标准
湿　度	堆制时要混拌马粪尿和水分，一般保持在60%左右，即用手捏紧刚能出水为好
空　气	堆肥是在好气的条件下进行的，所以要建立通气体系。大中型堆肥工厂采用金属通气孔
温　度	大部分好气性微生物在30℃～40℃时活动较好，而高温纤维素分解菌和放线菌在65℃时分解有机质能力最强，速度最快。因此堆肥的温度要求50℃～65℃并保持5～7天，其余时间保持在30℃～40℃即可。如果温度过高，可通过加水、翻堆等办法降温。在冬天和北方低温地区，可接种少量含有丰富的高温纤维分解菌的骡、马粪及其浸出液，加速堆肥腐熟
碳氮比	一般微生物分解有机质时需要碳氮比为20～25∶1为妥，但秸秆等有机质的碳氮比为60～100∶1，所以，必须加入含氮丰富的动物粪尿，调节碳氮比
酸碱度	堆肥的酸碱度，即pH值在6～8范围内较好。调节方法有加入极少量的石灰、草木灰等，加入量以重量的2%～3%为宜，也可加入磷矿粉或钙镁磷肥
蛔虫卵死亡率	95%～100%
粪大肠杆菌值	10^{-2}～10^{-3}
苍　蝇	有效控制苍蝇孳生，肥堆周围没有活的蛆、蛹或新羽化的成蝇

(3)沤肥(沼气肥) 沤肥的情况与堆肥基本相同,只不过是因为沤肥在嫌气(即把肥料的原料淹在水里封存)条件下发酵而成。原始的方式是以粪坑、粪池的方式囤积有机肥料,但是发酵分解不透。目前,在许多生态村,把沤肥与沼气工程相结合。即将有机物质统统放进沼气池,经厌氧菌分解,制取沼气后的发酵液和有机残渣,这是一种最好的沤肥。沼气肥也应该符合沼气发酵卫生标准。沤肥中残渣的肥力具有迟效特性,宜作基肥;发酵液的肥力具有速效特性,可用作追肥。

(4)绿肥 以新鲜绿色植物作肥料称为绿肥。栽培绿肥以能固定空气中氮素的豆科绿肥为主,水面多的地方发展绿萍。绿肥可以增加土壤有机质含量和氮素,改良土壤,提供作物所需的养分;覆盖地面能减少水土流失,调节作物茬口,节省施肥量和劳力,促进畜禽业和养蜂业的发展。

(5)秸秆肥 有机农业禁止在农田中焚烧秸秆,而强调秸秆翻压还田或覆盖还田。秸秆翻压还田是指作物收获以后的作物秸秆或植物残体等,在结合施基肥时把秸秆压入沟底,或覆盖园内,2～3 年翻压 1 次。

(6)矿物质肥料 植物和土壤生物也需要矿物养分。适度使用矿物质肥料,可以提高土壤的生命活力。反过来,土壤中的生命物又可促进矿物质肥料发挥有效作用。土壤中通常缺乏磷酸盐,对于植物生长,这是一种重要的元素。把磷矿粉与粪肥以及植物残枝一起堆制,可使碱化的土壤酸化。最好把磷矿粉先施给豆科植物,这样能增强固氮作用和改善动物饲料配给,从而提高粪肥质量。矿物质肥料允许使用范围以有关认证机构的标准为准。

(7)工厂化有机肥 工厂化生产的有机肥,其菌种的选用、肥源材料、生产工艺过程,都必须经国家有机农业认证机构认证,认证后的产品才可以作为商品肥料进入市场销售。

无公害果品最终体现为产品的无公害化。其产品可以是初级产品，也可能是加工产品，其收获、加工、包装、贮藏、运输等后续过程均应采取相应的无公害化。产品是否无公害要通过检测确定。无公害果品首先在营养品质上应是优质的，营养品质检测可以依据相应检测机构的结果，而环境品质、卫生品质检测要在指定机构进行。

9. 无公害果品生产草害防治技术是什么？

(1)杂草有警示作用 如有些杂草的出现，说明有机物的腐烂化过程不完善或腐化不完全；有些杂草的出现，说明土壤的酸化度过高，应施石灰进行中和。

(2)科学种草 有益杂草和低密度的杂草在维持土壤肥力、减少土壤侵蚀、提高土壤活性、控制害虫、提供牲畜营养方面起到重要作用。在耕地休闲过程中，允许杂草旺长，因为能起到保护土壤，防止水土流失以及替代绿肥的作用。

(3)科学除草 有害的高密度的杂草才会形成草害。所以，对草害必须采取措施清除，但也不采取全部清除的态度。全部清除减少了田间生物的多样性。杂草不会对作物造成经济威胁，低于经济阈值的杂草没有必要控制。

(4)控制杂草 有机果园控制杂草的主要方法见表5-5。

表 5-5 有机果园控制杂草的方法

方法	具体内容
防止杂草种子的传播	用作基肥的有机肥必须充分腐熟。否则,可能成为田间杂草种子的重要来源
种植前要清除田间杂草	在定植前,对果园进行翻耕、灌溉,促使杂草萌芽,然后再耕翻1次
利用太阳能除草	用白色塑料薄膜在晴天覆盖潮湿的田地1周以上,使温度超过65℃,可杀死杂草种子。同时,也可杀死一些病原菌。在小面积的地块上,有人用透镜聚光照射,几秒钟内,温度高达290℃,几乎杀死所有的杂草种子
应用覆盖物控制杂草	用黑色薄膜、作物秸秆等进行覆盖,阻挡阳光的透入,抑制杂草的萌发。在果园行间种植活的覆盖物(如三叶草)可抑制杂草生长
适时进行机耕和人工除草	杂草生长到一定高度时,应及时刈割
生物制剂防治草害	真菌除草剂已有广泛的应用。如已商业化生产的棕榈疫霉防治果园中的莫仑藤、尼亚合萌。植物毒素也可抑制杂草,如黑麦草、大麦等覆盖密度高的作物,除了它们具有生长竞争优势外,更重要的是其分泌的毒素能抑制杂草生长
应用堆肥作为控制杂草和病虫害的重要手段	堆肥过程中产生高温,可杀死动物粪便中的杂草种子和病虫休眠体。堆肥也可避免大量作物残体翻入土壤中产生有毒物质。同时,堆肥可提高土壤肥力,增加土壤有机质和微生物活力,使土壤疏松,从而提高作物对杂草的竞争能力,也使杂草易于拔除

(5)生物源除草剂 生物源除草剂有资源丰富、毒性小、不破坏生态环境、残留少、选择性强、对果树和哺乳动物安全、环境兼容性好等优点。

生物源除草剂是指在人们控制下施用杀灭杂草的人工培养的大剂量生物制剂。具有两个显著的特点：一是经过人工大批生产获得大量载物接种体；二是淹没应用，以达到迅速感染，并在较短的时间内杀灭杂草。生物源除草剂按其除草来源可分为植物源除草剂、动物源除草剂和微生物除草剂。

微生物除草剂是指利用病原微生物使目标杂草感病致病的方法。包括传统的微生物防治与微生物除草剂应用两方面。传统的微生物防治是利用已有的方法，不通过培养繁殖等现代生物技术，只在杂草上接种一种能自生自存和自然扩散的病原菌，不需要更多的处理。而微生物除草剂通过培养繁殖等现代生物技术获得大量的微生物源制剂，如喷洒化学除草剂那样使用后全面杀死杂草的方法。

总之，有机农业生产过程中的杂草控制，首先要利用对杂草的特点和杂草与果树的关系，再辅以人工、机械或生物的除草方法，把杂草控制在不影响果树生长即可。

10. 如何选择果园间作物?

第一，必须明确，果树是主栽作物，间套种作物必须有利于果树生长。所以，选择间套作物时，必须注意下列几个问题：能提高土壤肥力、耗肥少的豆科作物或蔬菜等；不与主栽果树有同样的病虫害，以免交叉传播；植株矮小，浅根性，无攀援性，需水需肥时期与果树不同，以免与果树争夺水分与养分；间、套种作物本身要有一定的经济价值。

第二，要掌握合理的间、套种面积和年限，间、套种作物种植应与果树有一定距离，并有一定间作年限。通常以果树树冠外围为限，间作年限随树冠和根系不断扩大而逐年缩小。

第三，必须加强间、套种作物的管理，才能提高间、套种作物产量，发挥”以短养长”的目的。

11. 果园生草有何好处?

果园生草法,即人工全园种草或只在果树行间带状种草,所种的草是优良的1年生或多年生牧草,也可以是除去不适宜杂草的自然生草。生草地已不再有草刈割以外的耕作,人工生草地由于草的种类是经过人工选择的,它能控制不良杂草对果树和果园土壤的有害影响。欧美一些国家,果园实施生草法的历史已很长久,实践证明,在多种土壤管理方法中比较,生草法是最好的一种。

第一,防止或减少水土流失,尤其是山坡易冲刷地和沙荒易风蚀地,效果更好。生草能保持水土,一是因为草在土表层中盘根错节,固土能力很强;二是因为生草条件下土壤团粒结构发育得好,大粒径的团粒多,使土壤的凝聚大大增强。

第二,增加土壤有机质含量,提高土壤肥力。根据试验,土壤(30厘米厚的土层)有机质含量0.5%~0.7%的果园,连续5年生草,种植鸭茅草和白三叶草,土壤有机质含量可提高到1.6%~2%及以上。土壤有机质是土壤肥力的基础,也是土壤团粒结构形成的核心。

第三,生草后,果园土壤中果树必需的一些营养元素,其有效性提高和这些元素有关的缺素症得到克服,如磷、铁、钙、锌、硼等。在生草果园,草对这些元素有很强的吸收能力,通过草的吸收和转化,这些元素已由果树不可吸收态变成可吸收态。所以,生草果园果树缺磷和钙的症状少,且很少或根本看不到缺铁的黄叶病、缺锌的小叶病和缺硼的缩果病。

第四,生草果园有良性的"生物(含果树)— 土壤— 大气"生态平衡条件,主要表现是在生草条件下,果园土壤温度和湿度的昼夜变化小,季节变化也小,有利于果树根系的生长和吸收活动;生草条件下,果树害虫的天敌种群数量大,增强了天敌控制害虫发生的能力,从而减少了农药的投入,减少了农药对环境的污染。

第五，便于机械作业，省人力，劳动效率高。生草果园，机械作业可随时进行，即使是雨后或刚灌溉的土地，也能进行机械作业，如喷洒农药、夏季修剪、采收等，这样可以保证作业的准时，不误季节。国外许多果园都采用了此种生草法。

第六，生草果园雨季的涝害轻。雨季时，草吸收和蒸发水分，减弱了果树的淹水量，增强了土壤的排涝能力。不论是雨季还是旱季，生草果园的果实日烧病都很轻或没有，落地果的损失也小。

12. 果园生草的必要条件是什么？

我国果树生产大面积地推广生草法，已经势在必行。我国各地的果园，特别是那些水土流失严重、土壤贫瘠、劳动力又很紧缺的果园，实施生草法是提高果园整体管理水平的重要途径，是果园优质高产、高效的重大措施。

年降水量约750毫米的地区，是实施生草法的理想条件，在这种情况下，一般不再考虑人工灌溉。有些果园年降水量只有650毫米，但降水量分布合理，没有灌溉条件也能实施生草法，草长得好，也达到了要求。目前我国的扁桃栽培区，年降水量750毫米或650毫米而降水量分布合理，也适于实施生草法。如果年降水量不足600毫米，且降水量分布很不合理，这些地区的果园，若要实施生草法，应当具备一定的灌溉条件，在干旱季节能灌溉，以保证果树和生草对水的最低要求。

13. 果园生草种类的选择原则是什么？

一般是选择多年生牧草，有些虽然是1～2年生，但脱落下的种子也可使之多年生长，并用连续覆盖的草代用。绿肥作物，一般是指1年生或多年生牧草，生长季节被耕翻到土壤中作为肥料。间作物，是指果树行间种植的农作物或其他经济作物。有些多年生绿肥作物可以在幼龄果园当生草用。根据目前我国果园和牧草资源的条件，采用人工生草的草种类的选择原则主要是：

(1)草的高度 草生长得较低矮，生长快，有较高的产草量，地面覆盖率高。主要是考虑生草尽量不影响或少影响果园的通风透光，一般生长最大高度应在50厘米以下，匍匐生长的草较理想。有些种类的草因长得低矮，且产草量小，不能很好地覆盖土壤表面；覆盖率低的生草地，容易生长其他杂草，给管理上造成麻烦，也达不到生草的目的。

(2)草的根系 草的根系应以须根为主，最好没有粗大的主根，或有主根而在土壤中分布不深。果树根系一般分布较深，如果草的根系也较深，两者在这个空间就易产生矛盾。在众多的草资源中，禾本科的草为多须根系，根分布浅，是较理想的生草种类。

(3)共同的病虫害 没有与果树共同的病虫害，但又能为果树害虫天敌提供栖息场所。有些杂草容易生蚜虫和红蜘蛛，这些蚜虫和红蜘蛛不但为害草，也为害果树，故这类草不适合作生草种类。

(4)覆盖时间 地面覆盖的时间长而旺盛生长的时间短。主要是可以减少草与果树争夺土壤中水分和营养的时间。

(5)耐阴、耐践踏 果树高大会遮住阳光，如果喜光品种则影响草的生长，选择既在树阴下能生长，又不怕机械或人工作业的侵压或践踏，甚至还能促进其茎蔓着地生根，或促进多分蘖，更快地繁殖和覆盖地面。

(6)繁殖简便，管理省工，适合于机械作业 一种草不可能同时具备以上所有条件。在选择草的种类时，根据果园的情况，对草的要求可以有不同的侧重点。如幼龄果园，果树行间空地大，草可以较高大些，这样草生长量大、产草量高，覆盖得快，可以更快提高土壤肥力，而草和果树的矛盾不大；成龄果园则选择耐阴性好，还要强调草不能是高大的品种。

果园生草，可以是单一的草种类，也可以是两种或多种草混种。国外许多生草的果园,多选择豆科的白三叶草与禾本科的早熟禾草混种。这两种草混种,白三叶草根瘤菌有固氮能力,能培肥地力;早熟禾草耐旱,适应性强,两者结合起来,生草效果更好。

14. 适宜人工生草的品种有哪些?

(1)白三叶 又名白车轴草、荷兰翘摇。豆科植物,是多年生牧草。耐践踏,再生性好,有主根,但不粗大,入土也不深;侧根发育旺盛,主要分布在土壤表层以下 20～50 厘米,个别侧细根深达 1 米左右。根上有许多根瘤,有较强的固氮能力。茎长 30～60 厘米,匍匐地面,茎的每节能生出不定根。覆盖高度一般 20 厘米左右,花梗最高 4 厘米。喜温暖湿润的气候,耐寒性和耐热性均较强,－20℃以下低温时,能安全越冬;夏季持续高温,甚至温度达到 40℃,越夏也无问题。较耐湿而不耐旱,年降水量 600 毫米以下无灌溉的条件,一般生长量小,覆盖率低。适宜的土壤类型为湿沙土、沙壤土和壤土,喜微酸性土壤,pH 值为 5～7 较好,不耐盐碱。种子细小,千粒重 0.5～0.7 克。播种时要求整地,春播或秋播均可。单播播种量每公顷 7.5～11.5 千克,混播播种量每公顷1.5～4.5 千克。条播时行距 15～20 厘米,覆土 1～2 厘米。移栽苗,株、行距各 15～20 厘米,每穴 3～5 株;移栽后踩实或辊压。生长旺盛的 1 年可刈割 2～4 次,应注意刈割高度,留茬 15 厘米以上较好。

(2)匍匐箭筈豌豆 又名春巢菜、普通野豌豆、救荒野豌豆,豆科植物,是 1 年生或越年生的牧草。耐践踏,再生性好。主根稍肥大,但入土不深,侧根发达,主要分布于土壤表层以下 20～50 厘米。根上多根瘤,有较强的固氮能力,尤其是在石灰质土壤上。茎匍匐生长,节上易生不定根。覆盖高度一般为 30 厘米。喜温暖湿润气候,耐寒和耐旱性较强,年降水量 150 毫米的情况下要求适量的灌溉。对土壤要求不严,以微酸性的沙质或壤质土较好,盐碱土上生长量小，覆盖率低。种子较大，千粒重50～60克，播种前对整地要求不严，条播较好，每公顷播种量60～75千克，行距20～30厘米，春、秋季播种均可。生长旺盛的1年可刈割3次。

(3)扁茎黄芪 又名蔓黄芪，是多年生豆科植物，我国各地有野生种分布。主根不深，侧根发达，主要分布在土壤表层以下15～30厘米。根上根瘤量很大，根瘤聚集成鸡冠或珊瑚状，固氮能力很强，是改良贫瘠土壤的极好生草种类。茎匍匐生长，节上易生不定根。覆盖率高。春季生长慢，与果树争肥水矛盾小，但播后第一年春夏季生长衰弱，须人工控制其他杂草。土壤适应性强，耐旱、耐瘠薄、耐阴、耐践踏。种子小，千粒重1.5～2.4克，播种前应平整土地，条播或撒播。播种量每公顷7.5千克，行距20～30厘米，覆土1～2厘米，春播或夏秋季雨后播均可。较干旱的情况下1年刈割1次，生长旺盛的可刈割2～3次。

(4)鸡眼草 又名掐不齐、公母草、日本金花草，是1年生豆科植物，我国各地均有分布。喜温暖，耐干旱，土壤适应性极强，喜富钙质的壤土或较黏质的壤土。株高仅15～25厘米，直立或匍匐生长，耐阴、耐践踏。种子小，千粒重2克，春季晚霜后播种，可条播。播种量每公顷7.5～15千克，覆土1～2厘米。虽然是1年生植物，草地上有脱落的种子，能自行繁殖。生长旺盛的1年可刈割2次，刈割后再生能力强。

(5)扁蓿豆 又名扁蓄豆、野苜蓿、杂花苜蓿、网果胡卢巴，是多年生豆科植物。主根较不发达，多侧根，根上有根瘤。茎高20～55厘米，平卧或半直立，分枝多。耐寒、耐旱，也很耐瘠薄，土壤适应性强。种子较小，千粒重2克，种子硬实率高，播种前最好烫种处理，再经催芽播种。播种量每公顷7.5～10千克。春播或秋播均可，播种方式有条播和撒播。生长旺盛的1年可刈割2次。

(6)多变小冠花 是多年生的豆科植物。主根较粗壮，侧根发达，密生根瘤，有很强的固氮能力。根的不定芽再生能力强，根蘖多,茎匍匐生长,节间短,多分枝,节上易生不定根。适应性很强,耐寒、耐旱,也很耐瘠薄,耐阴、耐践踏。产草量大,容易生长旺盛。可用种子繁殖,也可用根蘖苗繁殖,用茎段扦插也可以。种子小,千粒重 4.1～4.5 克,播种量每公顷 4.5～7.5 千克。条播时行距 1 米;穴播时株行距为 80 厘米或 1 米。多变小冠花长得很快,所以不用密播,节省用种量。生长旺盛,1 年刈割 2～4 次。

(7)草地早熟禾 又名六月禾、兰草、草原莓系等,是多年生禾本科植物。具须状根,有匍匐根茎。茎直立,高 25～50 厘米。喜温暖和较湿润的气候,耐寒、耐旱、耐瘠薄、耐阴、耐践踏。根茎繁殖很快,再生力较强,分蘖量大,一般 1 株分蘖 40～65 个,最多可达 150 个以上。喜排水良好的壤土或黏土,土壤 pH 值为 6～7。种子很小,千粒重 0.3～0.5 克。直播以春播较好,可以条播或撒播。播种前应整地,土壤墒情要好。为节省种子,生产上常用苗床育苗,2～3 个真叶后移栽。生草园一般 1 年刈割 2～3 次。

(8)匍匐剪股颖 是多年生禾本科草,株高约 40 厘米,秆基部平卧地面,具匍匐茎,节上生根。喜潮湿和肥沃的土壤,不耐干旱,耐寒,不耐盐碱。可用种子或茎段繁殖。种子极小,千粒重 0.4 克,播种量每公顷 10～15 千克,春、秋季播均可。夏季生长旺盛,可刈割 1～3 次,辊压可促进匍匐生根和分枝量。

(9)野牛草 原产于北美一带,是多年生禾本科草。须根发达,有匍匐的根茎。地上茎高 5～25 厘米,匍匐茎很长,节上易生根。适应性很强,耐寒、耐旱、耐盐碱、耐践踏、耐瘠薄。种子小,千粒重 1 克左右。播种量每公顷 15 千克,春播或秋播,多用苗床育秧,移栽株行距均为 15～25 厘米。也可用根茎繁殖。第一年春秋季生长缓慢,可以不刈割;夏季生长旺盛,刈割 1～3 次,或辊压1～2 次。

(10)羊草 又名碱草,是多年生禾本科草。我国各地有野生分布,也有很多人工栽培的羊草草地。茎单生或疏丛生,高 30～

80厘米。寿命长,再生力强。须根发达,分布浅,主要在土表下5～15厘米,极易密结,甚至达不易透水的程度,故虽长寿,多年后应考虑更新。适应性很强,抗寒,耐旱、耐盐碱、耐瘠薄、耐践踏,惟不耐涝。种子小,千粒重2克,种子发芽率一般较低,播种前应整地,夏播或秋播均可,播种量每公顷25～50千克。播种后覆土2～4厘米,及时镇压1～2次。1年刈割2～3次。

(11)结缕草 又名锥子草、近地青、老虎皮、大爬根,是多年生禾本科草。具很强的根状茎,地上茎直立,高10～20厘米。适应性极强,耐寒,耐旱、耐阴、耐践踏。可以用种子繁殖,也可以用根茎扦插繁殖。苗床地育苗,播种量每公顷45～125千克。1年可刈割3次,刈割后生长恢复得很快。

(12)猫尾草 又名梯牧草,是多年生禾本科草。须根发达,但入土较浅。茎直立,高50～80厘米。寿命长,可达10～15年。土壤适应性强,喜湿耐淹,耐寒。猫尾草与白三叶草或红三叶草混栽,生草的效果很好。单播时播种量每公顷7.5～12千克,春、夏、秋季均可播种。猫尾草喜肥,刈割后最好追施氮磷钾复合肥。生长旺盛的,1年应刈割2～4次。此草茎秆较高,适宜于幼龄果园生草用。

15. 生草园怎样管理?

果园生草法是果园土壤管理的最有效的方法之一,但不能认为果园生草后就可以不用管了。果园生草后,也要细致管理,否则也达不到生草的预期目的。

(1)育苗 在果树行间直播草种子,即直播生草法。这种生草法简单易行,但用种量大,而且草幼苗期要人工除去杂草,比较费事、费工。土地平坦,有灌溉条件的果园,适宜用直播法或茎段扦插。没有灌溉条件的果园,应采用先育苗后移栽。育苗的方法能提高繁殖系数,但移栽覆盖的速度要比直接扦插快。

①**直播育苗**　一般选平坦易灌溉或土壤墒情好的土地，较细致的整地。先浇足底水，待墒情适宜时再播种，把种子播在开好的沟里，然后覆土。撒播是把种子先撒在苗床的表面，之后撒一层细的湿土。出苗后应及时除掉杂草，禾本科的草，一般有 2～3 片叶即可以移栽。

②**扦插育苗**　苗床的机质以沙土或蛭石为好。夏季扦插最好有遮阳网，有弥雾条件。茎段要带叶片，可以加快生根的速度。扦插的密度可以很大，只要每株长 2～4 个根就行。等扦插苗有了根和新叶，就可以移栽。

(2)移栽　幼苗移栽前，地面应平整，土壤墒情好。一般每穴栽 3～5 株，株、行距 15 厘米×40 厘米，有些匍匐生长很快、覆盖面积又很大的豆科草，株距与行距宜大些，禾本科草株距与行距则可小些。栽后应立即踩实或机械镇压，以保幼苗扎根快、成活率高。

(3)幼苗期管理　生草地的幼苗期不能放松管理，要及时除去杂草、灌溉和施氮肥，可促进草的生长。出现断垄或缺株的地块，应及时补栽。

(4)刈割　草长起来覆盖地面以后，要注意及时地刈割，不只是控制草的高度，而且还有促进分蘖或分枝、提高覆盖率、增加产草量的效果。根据草的生长情况，1 个生长季应当进行 1～3 次的刈割，一般草长到 3 厘米以上或豆科草开花结荚时，就应当刈割。幼龄果园，果树行间空闲地面大，草还可以留得高些，成年果园而相反。刈割留草高度的掌握，一般禾本科草要保住其生长点(心叶以下)，而豆科草要留茎的 2～3 节。秋季长起的草，为了冬季不留茬覆盖可以不刈割。使用专用的割草机，不仅草的留茬高度整齐，而且割草的效率高且省工，可以把割下的草覆盖在树间。

(5)肥水管理　草长得不好，难以实现生草的目标，所以生长季节前期一定要施肥，生草地一般施用氮肥，施肥后要浇水。对生草地施肥绝不是浪费，施过肥的草生长快、产量高。对改良土壤和果树生长都有好处。一般刈割后进行施肥浇水，有利于草的生长。

(6)保护天敌昆虫 生草给害虫的天敌提供了良好的生态环境，果树防治病虫害时，刈割管理应与保持天敌昆虫一起考虑安排。果树喷洒农药时应尽量避开草，保护栖息在草中的天敌昆虫。发芽前喷洒石硫合剂时，行间的草和果树应一起喷，以灭除草中越冬的虫卵和病菌。

(7)草的更新 多年连续生草，也会使果树的根系上移，与草根一起在土壤表层形成盘根错节的板结层，对果树根系的生长和吸收功能有不良的影响，这时应进行更新。最好是在秋季结合施有机肥料，深翻埋入地下。

(8)鼠害 果园生草，特别是在冬、春季，应提防鼠害。鼠类啮齿动物啃食果树树干，为害不可忽视。秋后果树树干涂白或包扎塑料薄膜，可以有效地防止鼠害。

(9)防火 生草果园，要把果树行间的落叶清扫干净，放置在树间和覆盖物一起覆上一层薄土，以免发生火灾。

16. 果园覆盖有哪些好处？

全果园或树下覆盖有机物、沙石块或塑料薄膜，可有效地控制杂草，减少土壤水分的蒸发。覆盖有机物将土壤表层水、肥、气、热不稳定的土层，变成适宜的稳定生态层，可以扩大根系分布层的范围，在底土黏重和土层较浅的果园，效果更好。覆盖有机物，随有机物的腐烂分解，土壤有机质含量逐渐提高，增加团粒结构和土壤养分。覆盖还可减少土壤冲刷，防止杂草生长，节约劳动成本，在天旱少雨的年份，效果更为明显。覆盖塑料薄膜可以提高早春地温，覆盖有机物可降低夏季土壤温度，秋季保持适宜低温，延长了吸收根系的生长期，增加了树体的营养积累。秋季覆盖塑料薄膜还可增加地面的反射光，使树内膛部的果实得到更多的光照，糖分容易积累，从而提高果实产量和质量。

一般的作物秸秆都可以作为覆盖材料，如麦秸、玉米秸、豆秸、稻草、花生秧、红薯秧、各种绿肥及杂草，秸秆可整棵覆盖在果树的行间，但最好是把秸秆通过机械粉碎，不但可以提高保水能力，而且还能促进微生物的活动，加速秸秆的腐烂，便于给果树生长发育提供充分的营养。覆盖的厚度以20厘米左右为宜。秸秆经过一个夏季的风化，可以结合秋季施基肥，把秸秆填入施肥沟底。果园覆盖应注意以下几个问题：

第一，如在早春覆盖有机物，土壤温度回升缓慢，抑制根系的吸收活动，从而使得果树地上的生长发育期推迟。

第二，在低洼的夏湿地区，覆盖会使雨季土壤水分过多，不利于果树适时停止生长。

第三，覆盖作物秸秆，如果干燥易引起火灾，要在覆盖物上零星地覆些土。

第四，覆盖的果园表层根系增加，冬季需要注意覆厚土或保持覆盖状态，以免根系受冻害。

17. 如何控制杂草？

(1)农业措施防除　要想更有效地根除果园杂草，应采取必要的农业措施，以杜绝杂草种子的传播和扩散途径。对果树施用的农家肥，要充分腐熟后施用。为防止果园外杂草的侵入，需及时消除果园四周的杂草。另外，要加强植物检疫工作。以防止危险性杂草随引进苗木或砧木种子时带入果园。

(2)果园覆盖法　采用作物秸秆、杂草等进行覆盖，厚度在20厘米左右。覆盖法不但能提高土壤有机质，改善土壤物理性状，保护土壤，增强树势，提高果树越冬抗冻能力，还有良好的除草效果。

(3)果园生草法　在果树行间种植草带（或自然生草），全年多次用割草机除草，保持1年的草层厚度，割下的草让其就地腐烂。

利用自然生草必须除去恶性杂草。生草法能培肥地力，保护土壤，提高产量和品质。生草法在国内苹果园中已有一定的面积。

(4)种植绿肥，以草压草 豆科绿肥如箭筈豌豆、毛叶苕子、草木樨等在果园行间或园边零星隙地种植，有固土、压草、肥地的功效，绿肥刈割后集中翻压，有很高的肥效。

(5)新栽果园覆盖地膜压草 幼树覆盖地膜后成活率高，萌芽早，能促进树体发育，提早成形和结果。同时，覆盖地膜压草的效果十分显著，特别是杀草膜、黑膜在覆盖期不需除草。

(6)人工除草和化学除草 人工除草安全、方便，除用人工外，不需其他投入，是目前生产上主要的除草方法。果树施肥、修埂等都依赖人工，这些作业也有除草作用。使用土壤除草剂前，也需铲除地面杂草，有的除草剂还需要混土喷药。所以，人工松土除草的作用不可忽视，人工除草必须及时，即“除小除了”，既省工又省力。清耕制果园主要依靠化学除草，全年喷药 1～2 次。由于果树根深，吸不到药，能保证果树安全，再辅以人工除草，基本上可以控制全年杂草危害。

18. 水分对果树生长发育有哪些影响？

(1)花芽分化 土壤水分状况影响树体的花芽形成，干旱通常能增加果树的花芽形成数量。研究表明，花芽形成数量与灌溉量呈直线负相关关系，灌溉量越多，花芽形成的数量越少。在水分亏缺的情况下，花芽形态分化的进程减慢，花期延迟。并且，晚开的花常常发育不正常，如花丝变长或花药呈花瓣状，胚珠和花粉败育的比例也很高。

(2)坐果 水分对果树坐果的影响取决于结果的多少、水分亏缺的程度和干旱发生的时期。结果过多、生理落果期水分亏缺严重，易造成大量落果。

(3)果实生长 干旱对果树生长最显著的不良影响就是影响

果实的生长，如在果实最后迅速生长阶段，不灌溉的果实日生长速度为1.6毫米，而正常灌溉树上的果实，日生长速度却达2.6毫米。我们在生产实践中也能发现，在干旱年份里，果实生长速度慢，采收时果实体积也小，而灌溉最明显的作用是促进果实的生长，能获得较大果实体积。

但需要强调的是，果实生长速度并不与土壤水分呈直线的正相关关系。这就是说，灌溉量大，树上所结的果实不一定就大。通常只有在土壤水分、营养降低到一定的水平之下时，果实的生长才会受到影响，果实的体积才会变小。

(4)产量　由于水分影响果树的花芽形成、坐果和果实的生长，所以树体的水分状况显著地影响果树的产量。通常，灌溉能增加产量，但果树产量与灌溉量并不呈正相关关系。并且，在试验中经常发现，灌溉量最大的果树并不能获得最高的产量。

19. 水分对果实品质有哪些影响?

果实品质与水分关系密切，土壤水分除影响果品的风味品质外，还会影响到果品的外观品质和贮藏品质。

(1)外观品质　水分条件主要影响果实的大小和色泽。果实生长与水分营养的关系在前面已经做了较详细的描述。要再次强调的是，果树承受适度的水分胁迫并不减少采收时的果实大小，只有在土壤水分降低到一定临界水平之下时，采收果实的体积才显著地变小。

在浇水太多的情况下，树体营养生长旺盛。一方面，树冠内光照条件较差。另一方面，果实内糖分积累少、含量低，从而导致果实品质差。在极端干旱条件下，叶原基的发生受到抑制，树体叶面积小，全树的光合产量少，也会导致果实内的糖含量低。另外，在干旱条件下，树体蒸腾过弱不利于果实的降温。

(2)风味品质　果实的风味品质取决于果肉质地、糖酸比和香味这3个主要因素的平衡，而这一平衡通常受到树体水分条件的影响。一方面，随着土壤水分供应能力降低，采收时果实的含糖量增加。水分对果实内的含酸量的影响较小。另一方面，土壤水分含量过低，也对果实品质产生不利的影响。如汁液含量减少、硬度增加，从而果实口感较差。

(3)贮藏品质 果实生长发育过程中的水分条件不仅影响采收时果实的风味品质，还影响采收后果实的贮藏品质。在冷藏条件下，来源于水分胁迫树上的果实，在贮藏过程中的蒸腾速率低于正常浇水树上的果实。此外，果实释放乙烯的速度也受到影响。通常情况下，浇水量越大，果实的耐贮藏能力越差。

从上述果实品质的3个方面综合考虑，无论是浇水太多还是土壤水分缺乏，都会对果实品质产生不利的影响。只有当土壤水分保持在一个适度的范围内时，不利的影响较小，果实的综合品质才好。

20. 水分对根系的生长发育有哪些影响？

根系生长与土壤水分条件密切相关。良好的土壤水分条件是保证根系正常生长、新根原基发生及根系正常功能的重要条件。干旱情况下，根系生长速度减慢，根原基发生少，根的分枝少，根韧皮部形成层活力差，根部顶端的木栓化速度加快，从而影响根的吸收功能。

适宜根系生长的土壤水分为田间最大持水量的60%～80%。在大田条件下进行的根系土壤剖面分析，干旱条件下根系发生的数量要比经常浇水的根系多，且分布深。如年浇水量155毫米的根系数量是浇水量284毫米树的1.52倍。

第一，在水分胁迫条件下，叶片中制造的碳水化合物优先供应根系的生长，而不是地上部茎干的生长，因此水分胁迫情况有利于碳水化合物在根系中积累，所以在干旱条件下的果树根系中的干物质含量，高于水分条件良好的果树根系中的含量。

第二，只要有一部分根系处于良好的水分条件下，其他根系即使处于严重的水分胁迫状况下也不会受到伤害；并且土壤水分条件改良，所有的根系均能迅速恢复正常生长。

第三，在年生长周期里，果树根系开始生长早，结束得晚，在早春和晚秋均有发生和生长高峰。而在这段时间里，树体的蒸腾弱，水分条件相对较好。

第四，在干旱条件下，根系的生长速度较慢，甚至停止。但在重新浇水后，其根系的生长能获得刺激，其生长速度反而比良好水分条件下的根系要快。

土壤水分状况在时间、空间上有很大的差异。在一个干旱周期里，土壤中的水分在时间上经历着从好向坏，在空间上从地表向深层逐渐变干的缓慢变化过程。根系生长具有趋肥、趋水特性，在经常浇水的情况下，地表层土壤里的水分条件好，根系不向深层发展，仅停留在土壤的表层。而在干旱条件下，较差的地表层土壤水分条件能导致根系向水分较好的深层土壤中生长，因此根系的分布较深。据中国农业大学测定，地下 2 米处可利用的有效水每 667 平方米为 300 立方米。另外，只要土壤不处于极端干旱，根系就不会大量死亡。一旦土壤水分状况变好，新根就能大量发生，并快速生长，根系的数量反而比正常浇水树多。

21. 果树对土壤水分的适应和要求是什么？

果树与土壤水分的生态关系，即果树对土壤干旱或湿涝的适应性，决定于树种的需水量和根系的吸水能力，同时也与土壤的质地、结构有关。不同质地的土壤，田间最大持水量和容重不同，故其持水量也各异。果树需水量以土壤原有湿度情况、根系分布深度和田间持水量等作为依据，可以知道，在何种土壤条件下，土壤水分的多少，果树需水与否确定其需水量。

果树对土壤水分的适应依据根系和砧木的不同而不同。通常实生李砧的根系深，表现耐干旱。一方面，是适应土壤水分缺欠的反应；另一方面，也是需要满足最低限度的水分而根系扎下土壤深层。在干旱土壤中，由于根系分布深，可使树呈不缺水的状态；而用桃砧的树体根系分布较浅，需水量则要大些。

判断果树生育正常的水分状况，和根冠比有关。树冠大、叶面积大，蒸腾量也大，则需水多。然而需水多少或维持一定的水分平衡关系，是受根冠比所制约。一切有利于地上部生长而不利于根系发育的因素，如早春土温低或多次浇水降低地温等，造成根冠比大，到夏季则果树易表现缺水受旱。反之，如春季保持应有的适宜叶面积，则后期较抗旱。

22. 为什么杏和李树会有涝害的发生?

在生长季内，由于天然降雨或过量的浇水，土壤水分过多时无排水设施，均可使土壤水分过多而通气不良，发生水涝现象，使树体生长发育不正常，而影响正常产量。

果树发生涝害的一般症状可从树体生长部分表现出来。程度轻时，叶片和叶柄向上弯曲，新梢生长缓慢，先端生长点不伸长或弯曲下垂；严重时，叶片萎蔫、黄化、提早落叶(老叶先落)，根系变成黑褐色枯死。果树在生长期间的涝害比休眠期严重，这是因为在生长期间受高温的影响，随根区温度增高，涝害严重性也增大。

果树的抗涝性主要决定于果树的遗传性和对生态条件的适应性。因此，抗涝性与使用的砧木有关，毛桃砧木比山桃砧木抗涝性强。

李、杏的根系在水涝时，使存在根系中的氢苷发生水解，释放出致毒剂量的氰化氢，抑制根的呼吸和吸收作用，使树死亡。同时，核果类果树不耐水涝，或由于根中的杏苷(稠李苷)对微生物的破坏作用，均使树生长不良，或不能再植。

23. 适宜的浇水次数为多少？

杏树虽然抗旱能力很强，但在杏树的萌芽、开花至结果成熟等时期也同样需要较多的水分供应。当田间土壤含水量在20%～40%时，杏树能正常生长发育，低于15%时枝叶出现萎蔫现象。干旱严重时，扁桃树不能正常生长，危及生命，必须浇水。土壤中水分含量充足时，有利于各种无机营养素的分解和释放。土壤中的营养物质，必须先溶解于水变成土壤溶液，才能被果树根部吸收运输到其他部位参与有机合成。如果没有水分，肥料就不能被果树利用。水分的供应状况对果树正常生长和结果起决定性作用。在良好的水分供应条件下，树体能够正常萌芽、开花、坐果，果实膨大，有机营养物质及光合产物积累。合理的浇水可明显增加杏树的生长量和果实的产量。李树、杏树浇水的次数和数量，应根据各产区的气候条件，土壤水分状况，物候期及栽培技术而定。我国北方第一次浇水可在李树和杏树开始萌动时进行，最迟不能晚于花前10～12天。这次浇水量要大，应使土壤含水量达到70%左右。此期浇水，不仅可保证杏树开花和新梢生长，而且还可防止由于新梢与幼果争夺水分而引起的花后大量落果。同时，也可推迟开花2～3天，有利于躲避晚霜危害，第二次浇水应在李、杏需水的临界期，即硬核期进行，以保证果实的良好发育。果实采收后，根据天气情况并结合秋施基肥，应浇第三次水，以保证花芽分化的正常进行和树体内营养物质的进一步积累。落叶以后，土壤封冻以前(一般在10月下旬至11月上旬)结合施基肥应再浇1次封冻水。冬季浇水可提高杏树的抗寒能力。

24. 如何调节杏和李树的水分供应？

土壤水分是土壤肥力的三大要素之一。土壤中养分的转化、溶解都离不开水，溶解后才能被树体吸收利用。土壤水分和土壤空气是相辅相成的。同时，土壤中水、气的变化又影响土壤热量状况。土壤中水分过多，容易积水造成涝害，而水分不足又易造成旱害，都对果树的生长发育有直接影响，造成减产或果品质量差。

果树一般属深根性植物，在供水稍微不足的情况下，不容易使树表现出枝叶萎蔫缺水，因而易忽视土壤水分给生产带来的损失。生产实践表明，合理浇水，保持适宜的土壤湿度，可以大幅度地提高产量。果树供水不足，直接影响树体生理活动的正常进行，如光合作用减弱，蒸腾作用失常，呼吸作用加剧等。由于降低生命活动，显著加快衰老，不仅产量低、品质差，而且降低抗逆性。

土壤水分状况可通过浇水和排水来调节。浇水不仅直接满足树体对水分的需要，而且可以增强酶的活性转向有利方面，活跃土壤的呼吸作用，改善二氧化碳对树体的供应和硝化作用。此外，还能调节地温和果园气温及空气相对湿度。但在生长季中，遇到雨季，土壤水分过多，使枝条不能及时停止生长，组织不充实，降低抗寒力，果实中水分多，发生裂果，影响果实品质。

25. 如何保持土壤中含有更多的水分？

由于在我国绝大部分地区都有干旱发生，为了实现果树丰产、优质栽培，就必须进行灌溉。如果在果树生长期，不采取适时、合理的灌溉，满足果树的生理需要，要想达到丰产、优质是不可能的，在降雨量少的北方地区更是如此。为此，要十分重视果树的灌溉，对果树进行浇水是果树栽培技术的有效措施之一。

果园采取保水措施就等于浇水。因为在能进行保水的果园，可减少浇水量和浇水次数，在没有浇水条件的果园，可以不同程度地缓解果树需水和缺水的矛盾。果园保水措施同建立浇水设施工程相比，可就地取材，简单易行，投资少，效果好。国外利用自然降水达到80%，而我国则只有40%～50%。果园保水措施主要有：

(1)深翻与松土　一般在秋后结合施基肥、清园进行果园深翻,深翻可以改良土壤结构,保持秋、冬季的雨雪,有利于果树度过翌年的春旱。松土保墒是指每次浇水或降雨后,采用人工或机械,及时进行松土保墒。一是结合中耕松土,清除杂草,减少与果树争水、争肥的矛盾;二是可以防止土壤板结,破坏表层土壤的毛细管水分运动,减少地面水分蒸发,从而达到保持土壤水分的目的。

(2)改良土壤 改土主要是改变土壤的组成,调整土壤的三项比例。各种土壤因所含泥沙比例不同,其田间持水量也不同,黏土粒具有较大的吸收和吸附性,所以黏性土壤保水、保肥能力高于沙性土壤。沙质土壤要盖淤压沙,改变土壤结构,提高果园的保水、保肥能力。

无论何种土壤类型连年增施有机肥料,都会明显地提高土壤保水、保肥能力。施入有机肥后,矿化分解为腐殖质。腐殖质是一种有机胶体,具有良好的吸收和保持水分、养分性能,吸收水分是自身的5～6倍,比吸水性强的黏土粒还高10倍。

(3)覆盖 覆盖保墒是通过早春开始覆盖农膜、作物秸秆或绿肥,减少土壤水分蒸发,达到保水的目的。北方春季一般是少雨、干旱和多风,土壤水分蒸发较快,会造成严重缺水,而影响果树发芽、开花对水分的需要。采用地膜覆盖,就会减少土壤水分的蒸发,不仅提高了土壤中水分的含量,而且还会提高地温,在果园的覆膜试验表明,在不浇水的前提条件下,行间营养带覆膜与对照相比,早春0～20厘米土壤含水量提高1%～2%,还可以减少杂草的生长。

(4)施用保水剂 保水剂是一种高分子树脂化工产品。外观像盐粒,无毒,无味,是白色或微黄色的中性小颗粒。遇到水能在极短的时间内吸足水分,其颗粒吸水膨胀350～800倍,吸水后形成胶体,即使加压力也不会把水挤出来。当把它掺到土壤中去,就像一个贮水的调节器,降雨时它贮存雨水,并牢固地保持在土壤中,干旱时释放出水分,持续不断地供给果树根系吸收。同时,因释放出水分，本身不断收缩，逐渐腾出了它所占据的空间，又有利于增加土壤中的空气含量。这样就能避免由于灌溉或雨水过多而造成土壤通气不良。它不仅能吸收雨水和浇的水，还能从大气中吸收水分，在土壤中反复吸水，可在土壤中连续使用3～5年。

(5)贮水窖 在干旱少雨的北方，雨量分布不均匀，大多集中在6～8月份，有限的水也会造成大量的流失，所以贮水也显得十分重要。贮水有2种方式：一是在树冠外缘的地上，挖3～4个深60～80厘米，直径30～40厘米的坑，在坑内放置作物秸秆，封口时坑面要低于地面，有利于雨水的集中；二是在果园地势比较低、雨后易流水的地方，挖1个贮水窖，贮水窖的大小要根据果园降雨量多少而定。贮水窖挖好后，底和四壁用砖砌起来，再用水泥抹面一遍，防止水分的渗透，窖口覆盖减少水分的蒸发，下雨时打开进水口，让雨水流入窖内，雨后把口盖住。以上介绍的果园节水、保水措施，各地果园可根据本果园的具体情况，因地制宜综合使用。

六、病虫害防治原则

1. 病虫害防治的原则是什么?

无公害果品生产的病虫害防治强调执行“预防为主,综合防治”的方针,因地因时制宜,合理运用农业、化学、生物等方法,把害虫控制在经济受害允许的水平之下,以达到生产无公害果品的目的。

2. 怎样合理使用农药?

如何才能减少果园用药次数,在果树病虫害防治中,一些果农由于没能掌握正确的防治技术,喷药次数太多,不仅造成浪费,还易出现药害。通过以下 5 种方法可以减少果园用药次数。

(1)加强管理措施 管理措施是最根本、最经济的办法,可提高树体的抵抗力,并能有效控制侵染。通过合理施肥和排灌,可增强树势,减少病虫害发生。搞好果园卫生,及时查找和剪除病虫枝梢、摘除病虫果等减少侵染源。

(2)抓好关键时期的防治 在害虫抵抗力最弱的虫态、暴露的易防治或虫体群居的时期,防治效果最好。以预测、预报为基础,依据害虫发生的规律,抓住防治的关键时期。如梨木虱若虫的孵化盛期,若虫集中且未分泌黏液,药液可直接接触虫体,此时防治,杀虫率最高。

(3)科学使用农药 由于果农在防治时用药单一,多种病虫害产生了明显的抗药性,防治效果下降,因此要科学使用农药。一是交替使用农药,用没有施过或互抗性的药剂交换使用,以提高防治效果;二是混合使用农药。混合使用理化性质相近的农药,可提高防治效果，并可起到兼防几种病虫害的效果，如杀虫剂或与杀菌剂混用等；三是农药中添加增效剂和黏附剂。一般用的增效剂有增效磷、增效散等，黏附剂用中性洗衣粉。

(4)提高喷药质量 喷药质量的高低直接关系到防治效果，在喷药时应确保叶片正反两面、树冠内外上下和树干都要喷洒细致周到，防止漏喷。

(5)实行联防联治 目前，果园都是各户经营，独立管理，因此集中连片的果园，果农间应进行联防联治，在一定时间内统一喷药，这样才能减少由于一户治、另一户不治而造成病虫害再侵染、传播，避免重复防治。

3. 哪些农药已禁止使用？

为从源头上解决农产品尤其是蔬菜、水果、茶叶的农药残留超标问题，农业部在对甲胺磷等5种高毒有机磷农药加强登记管理的基础上，又停止受理一批高毒、剧毒农药的登记申请，撤销一批高毒农药在一些作物上的登记。现公布国家明令禁止使用的农药和不得在蔬菜、果树、茶叶、中草药材上使用的高毒农药品种清单。

(1)国家明令禁止使用的农药(18种) 六六六、滴滴涕、毒杀芬、二溴氯丙烷、杀虫脒、二溴乙烷、除草醚、艾氏剂、狄氏剂、汞制剂、砷类、铅类、敌枯双、氟乙酰胺、甘氟、毒鼠强、氟乙酸钠、毒鼠硅。

(2)在蔬菜、果树、茶叶、中草药材上不得使用的农药(19种) 甲胺磷、甲基对硫磷、对硫磷、久效磷、磷胺、甲拌磷、甲基异柳磷、特丁硫磷、甲基硫环磷、治螟磷、内吸磷、克百威、涕灭威、灭线磷、硫环磷、蝇毒磷、地虫硫磷、氯唑磷、苯线磷。

4. 什么是生物农药？

生物农药是指利用生物活体或其代谢产物对害虫、病菌、杂草、线虫、鼠类等有害生物进行防治的一类农药制剂，或是通过仿生合成具有特异作用的农药制剂。按照联合国粮农组织的标准，生物农药一般是天然化合物或遗传基因修饰剂，主要包括生物化学农药（信息素、激素、植物生长调节剂、昆虫生长调节剂）和微生物农药（真菌、细菌、昆虫病毒、原生动物，或经遗传改造的微生物）2个部分，农用抗生素制剂不包括在内。生物农药按照其成分和来源可分为微生物活体农药、微生物代谢产物农药、植物源农药、动物源农药4个部分。按照防治对象可分为杀虫剂、杀菌剂、除草剂、杀螨剂、杀鼠剂、植物生长调节剂等。

5. 使用生物农药有什么好处？

生物农药与化学农药相比，在有效成分来源、工业化生产途径、产品的杀虫防病机制和作用方式等诸多方面，有着许多本质的区别。生物农药更适合于扩大在未来有害生物综合治理策略中的应用比重。概括起来生物农药主要具有以下几方面的好处。

(1)选择性强，对人、畜安全 目前市场开发并大范围应用成功的生物农药产品，它们只对病虫害有作用，一般对人、畜及各种有益生物（包括动物天敌、昆虫天敌、蜜蜂、传粉昆虫及鱼、虾等水生生物）比较安全，对非靶标生物的影响也比较小。

(2)对生态环境影响小 生物农药控制有害生物的作用，主要是利用某些特殊微生物或微生物的代谢产物所具有的杀虫、防病、促生功能。其有效活性成分完全存在和来源于自然生态系统，它的最大特点是极易被日光、植物或各种土壤微生物分解，是一种来于自然、归于自然正常的物质循环方式。因此，可以认为它们对自然生态环境安全、无污染。

(3)可以诱发害虫流行病 一些生物农药品种（昆虫病原真菌、昆虫病毒、昆虫微孢子虫、昆虫病原线虫等），具有在害虫群体中的水平或经卵垂直传播的能力，在野外一定的条件之下，具有定殖、扩散和发展流行的能力。不但可以对当年当代的有害生物发挥控制作用，而且对后代或翌年的有害生物种群能起到一定的抑制，具有明显的后效作用。

6. 常用的生物农药有哪些？

当前在无公害果品生产中的污染源应首推农药。所以，推广使用安全可靠、不污染环境、对人畜不产生公害的农药是生产环节的重要选择。生物农药具有广谱、高效、安全、无抗药性产生、不杀害天敌等优点，能防治对传统产品已有抗药性的害虫，又不会有交叉抗药性，一般对人畜及各种有益生物较安全，对非靶标生物的影响也比较小。所以，是实现无公害农业生产技术变革的突破口。现在生产上常用的生物农药：

(1)1.5%多抗霉素可湿性粉剂 属抗生素类杀菌剂，具较好的内吸性。防治斑点病、轮纹病、炭疽病，用300～500倍液，在花期至果实套袋前连喷2次；防治斑点落叶病，在落花后7～10天开始喷施，春梢期喷施2次，秋梢期喷1次，若能与波尔多液交替使用，效果更好。

(2)4%农抗120水剂 属广谱抗生素，对病害有预防和治疗作用。防治腐烂病，用20倍液涂抹刮除病斑后的病疤，治疗效果可达80%以上；防治白粉病，在发病初期，用有效浓度100毫克/升药液喷雾，过15～20天再喷1次，如果病情严重，可缩短喷药时间的间隔期。

(3) Bt杀虫剂 属常用细菌农药，以胃毒作用为主，对鳞翅目害虫防治效果达80%～90%。防治桃小食心虫于卵果率达1%时，喷施Bt可湿性粉剂500～1 000倍液；防治刺蛾、尺蠖、天幕毛虫等鳞翅目害虫，在低龄幼虫期喷洒1 000倍液。

(4)1.8%阿维菌素乳油 属抗生素类杀螨杀虫剂，对害螨和害虫有触杀和胃毒作用，不能杀卵。防治山楂叶螨、苹果红蜘蛛，于落花后 7～10 天，两种害螨集中发生期喷洒 5 000 倍液，持效期 30 天左右。对二斑叶螨、黄蚜、金纹细蛾也有较好的防效。

(5)25%灭幼脲悬浮剂 属生物化学类农药，以胃毒作用为主兼触杀作用，持效期 15～20 天。对鳞翅目害虫有特效，能杀卵和幼虫，还能使成虫产生不育作用，生产上主要用于防治金纹细蛾，防治适期为羽化成虫盛期，使用浓度为 2 000 倍液。该药尤其是对那些已经对有机磷、拟除虫菊酯等类杀虫剂产生抗性的害虫，有良好防治效果。

(6)20%杀蛉脲悬浮剂 属昆虫生长抑制剂，与 25%灭幼脲相比，杀卵、杀虫效果更好，持效期长。防治金纹细蛾使用浓度为 8 000 倍液；防治桃小食心虫，在成虫产卵初期、幼虫蛀果前喷 6 000～8 000 倍液。

(7)杀蛉脲悬浮剂 属昆虫生长抑制剂，对鳞翅目害虫的卵、幼虫防治效果明显。防治金纹细蛾在其幼虫发生期使用 2 000 倍液；防治桃小食心虫，在成虫产卵盛期、幼虫蛀果前喷洒 1 000～1 500 倍液。

(8)鱼藤酮 属植物源杀虫剂，具触杀、胃毒、生长发育抑制和拒食作用。在蚜虫发生盛期初始，用 2.5%鱼藤酮乳油 750 倍液喷雾。施药后的安全间隔期为 3 天。

(9)25%杀虫双水剂 属神经性毒剂，具有较强的触杀和胃毒作用，并兼有一定的熏蒸作用。防治山楂叶螨，在若螨和成螨盛发期喷洒 800 倍液，可兼治苹果全爪螨、梨星毛虫、卷叶蛾等。用杀虫双水剂喷雾时，可加入 0.1%的洗衣粉，能增加药液的展着性。

(10)50%吡虫啉＋杀蝉可湿性粉剂 该药杀虫谱广、杀虫力强，具有强烈的胃毒、触杀和内吸作用，兼有熏蒸和杀卵作用，对鳞翅目幼虫有特效。防治金纹细蛾，在幼虫孵化盛期或已有部分幼虫钻蛀入叶片内，喷施 50%力富农可湿性粉剂 1 000～1 500 倍液；防治日本球坚蚧，于 5 月中下旬卵孵盛期(即发现介壳下有粉色卵粒后5日），喷施50%吡虫啉＋杀蝉可湿性粉剂1 000～1 500倍液，配药时在药液中加入0.3%中性洗衣粉，增加其展着能力，提高杀虫效果。

7. 使用生物农药时有哪些注意事项？

（1）使用时间 生物农药多为迟效型，所以施用时间应比使用化学农药防治提前数天为宜，具体提前时间以每种生物农药特性为准。

（2）空气湿度 生物农药随环境湿度的增加，效果也明显提高，所以必须在有露水的时候，喷施生物农药（粉剂）才有理想的效果。

（3）光照强度 太阳光中紫外线对生物农药中的活性物质有着致命的杀伤作用。因此，生物农药一般要选择在上午10时以前、下午16时以后，或阴天时喷施。

（4）环境温度 生物农药在喷施时，务必掌握气温在20℃以上，据试验，在温度25℃～30℃条件下，喷施后的生物农药效果要比10℃～15℃的杀虫效率高1～2倍。另外，还要注意除明确注明允许种类外，尽量不要与其他药剂混用。贮存时应放置于阴凉、黑暗处，避免高温或曝光，远离火源，要随配随用，避免长时间放置。

8. 如何识别和防治杏疔病？

杏疔病又名杏红肿病、杏叶枯病等，是北方杏产区的重要病害。

（1）症状及发病规律 此病是一种真菌性病害。主要危害新梢和叶片，有时也危害花和果实。病菌以子囊壳在病叶上越冬，春季借风雨传播从幼芽侵入。被害新梢生长缓慢，节间短粗，幼芽簇生。病梢初为暗红色，后变为黄绿色，常常枯死。病叶由黄色变成红黄色，叶片增厚呈革质，向下卷曲，最后变为黑褐色，枝脆易碎，但成簇留在枝上不易脱落。花和幼果被侵染后花萼肥厚，开花受阻，花瓣、花萼都不易脱落，幼果生长停滞，干缩脱落或挂在枝上。

(2)防治方法

①消灭越冬病菌　结合修剪，彻底剪除树上的有病枝叶，并清除地面上的枯枝落叶，集中烧毁。

②药剂防治　花芽萌动前，结合防治其他病虫，喷5波美度石硫合剂，展叶后再喷0.3波美度石硫合剂，或喷1～2次1∶1.5∶200波尔多液，效果良好。

9. 如何识别和防治杏和李流胶病?

流胶病又叫树脂病，主要危害李、杏、桃、樱桃等核果类果树，流胶病是一种生理性病害。

(1)症状及发病规律　流胶主要发生在树体的主干和主枝的桠杈处，严重的在树主干近地20～40厘米范围发生流胶。4～10月份均可发病，6～8月份为流胶盛期。流胶病发病初期，病部膨胀，随后陆续分泌出透明柔软的树胶，与空气接触后，胶体经空气氧化变成褐色，成为晶莹柔软的胶块，最后变成茶褐色硬质胶块。流胶处常呈肿胀状，树皮裂缝，病部皮层及木质部逐步变褐、变黑、腐朽，再被腐生菌侵染和小蠹虫侵食，严重削弱树势。随流胶量的不断增加，树体病部被胶体环绕，变质腐朽，造成形成层、韧皮部坏死，使树体衰弱死亡。果实受害时，从果核流出胶体渗出果面，果肉发硬，有时龟裂，不堪使用。

(2)防治方法

①农业防治　一是采果后及时深施基肥，基肥以优质农家土杂肥为主，与腐熟的农作物秸秆混合施入，同时撒入少量尿素，开挖施肥沟，破除土壤板结，雨涝时及时排水，养根壮树，增强树势，提高树体抗病能力，这是预防树体流胶病的根本措施；二是树盘覆

草可以增加土壤的有机质含量，改善土壤结构和通气状况，利于根系活动；三是锄树盘，严防杂草丛生；四是尽量减少树体损伤，及时解除拉枝绑绳，解绑要彻底；五是控制氮肥施用量，及时消灭蛀干害虫；六是合理修剪，加强夏季修剪，保持树体通风透光，冬季剪除病虫枝，并对较大伤口抹清油铅油合剂等保护性药剂。对流胶严重的树采用更新修剪法，重新培养树体；七是提倡起垄栽培，垄的标准以底宽 80 厘米，顶宽 50 厘米，高 30 厘米为宜。

②化学防治　一是从栽树后就注意对流胶病的专门防治。用生石灰 10 份＋石硫合剂 2 份＋食盐 1 份＋花生油 0.3 份＋适量水，搅成糊状，对较大病斑刮除后涂药。防治流胶病要及时检查，随发展随涂抹随包扎，以防病斑扩大。二是浇灌硫酸铜水溶液，在距主干周围 1 米处，挖 30 厘米深的坑施入，随即埋土。1 月 1 次，共 3～4 次，浇灌标准是每株用 100 克硫酸铜对 20 升水。三是在树体休眠期用胶体杀菌剂(1 千克乳胶＋100 克 50％福美甲胂)涂抹病斑，杀灭病原菌。或刮除病斑流胶后，用 5 波美度石硫合剂对伤口消毒，用涂蜡或煤焦油保护。

10. 如何识别和防治杏和李疮痂病?

疮痂病又叫黑星病，全国杏产区均有发生，除李、杏外，还能侵害桃、樱桃等核果类果树。

(1)症状及发病规律　此病是真菌性病害，主要危害果实，也危害枝叶。病菌以菌丝在枝梢病部组织内越冬，翌年春产生分生孢子，借风雨传播。果实多危害肩部，初期病斑为暗绿色，近圆形小点，后逐渐扩至 2～3 毫米，严重时病斑连成片。果实近成熟时病斑呈紫黑色或黑色。由于病斑仅限于表皮，故病部组织枯死后，果肉继续生长，因而病果常发生裂果而形成“疮痂”。枝条受害后，果实常干枯脱落，枝梢受害后起初产生椭圆形浅褐色病斑，病斑逐渐扩大，变成暗褐色、隆起，常发生流胶，枯死。叶片受害后背面出现灰绿色病斑，然后变成褐色或紫红色，最后穿孔或脱落。

(2)防治方法 一是加强果园管理，结合冬剪清除病枝，集中烧毁，减少初侵染源；二是药剂防治。落花后2～4周内喷0.3波美度石硫合剂，或65%代森锌可湿性粉剂500倍液。

11. 如何识别和防治杏和李细菌性穿孔病？

细菌性穿孔病发生较普遍，严重时易引起早期落叶，削弱树势，影响产量。

(1)症状及发病规律 此病是细菌性病害，主要危害叶片，也能侵害枝梢和果实。病菌夏末秋初在侵染的枝梢病斑上越冬，翌年借风雨或昆虫传播，经叶片和果实的气孔侵入。发病叶片初为不规则的水浸状小斑点，后逐渐扩大，变成红褐色或褐色，最后病斑脱落而穿孔，病叶干枯早落。枝梢被害时，呈水渍状紫褐色斑点，后凹陷龟裂，外缘呈水渍状。果实发病后，初发生水渍状淡褐色圆形小斑点，后逐渐扩大为近圆形或不规则形紫褐色至黑褐色病斑，病斑稍凹陷，边缘常翘起。病害只发生在表皮组织，不影响果肉生长。

(2)防治方法 一是加强果园综合管理，增强树势，提高树体抗病力。注意排水防涝。结合修剪，剪除病枯枝，扫除落叶落果，集中烧毁，以消灭越冬菌；二是药剂防治，在发芽前喷5波美度石硫合剂，展叶后喷0.3波美度石硫合剂，或1∶4∶240硫酸锌石灰液，或70%代森锌可湿性粉剂400～500倍液，均有较好的防治效果。

12. 如何识别和防治杏和李褐腐病？

(1)症状及发病规律 此病为真菌性病害，主要危害花、叶和枝梢。在多雨年份，若食心虫，椿象、卷叶虫(这三种害虫均为传播源)出现严重，褐腐病常流行成灾，引起大量烂果、落果，造成严重损失。病菌主要以僵果和病枝为传染源,春天过冬的僵果和病枝产生大量分生孢子借风雨从伤口和皮孔侵入。果实从幼果至成熟期均可发病,尤以近成熟时发病最重。病果最初产生褐色圆斑,斑下果肉变褐、软腐,若条件适宜,病斑在数天内即可扩至全果。病果腐烂后脱落或失水干缩成褐色僵果,悬挂在树上经久不落。花和嫩叶受害后变褐、萎缩,菌丝可通过花柄、叶柄蔓延至新梢,形成溃疡。溃疡斑长圆形,边缘紫褐色,中部凹陷流胶,皮层腐烂,严重时病斑以上枝条枯死。

(2)防治方法 一是消除病原,随时清理树上、树下的僵果、病果。结合冬剪剪除病枝,清除僵果并集中烧毁;二是及时防治食心虫、椿象、卷叶虫等造成伤口的害虫,减少病菌侵染的机会;三是药剂防治。发芽前喷 3～5 波美度石硫合剂 1 次,消灭树上越冬病菌。开花前和落花后 10 天各喷 70%甲基硫菌灵或 50%福美甲胂可湿性粉剂 1 000 倍液 1 次,防治花腐和幼果感染。果实成熟前 1 个月左右喷 0.3 波美度石硫合剂或 65%代森锌可湿性粉剂 500 倍液 1 次。

13. 如何识别和防治杏和李根腐病?

(1)症状及发病规律 主要发生在重茬苗圃地或杏树行间培育苗木地。发病期为 5 月上旬至 8 月中下旬,借雨水和土壤经须根侵入。发病初期染病须根出现棕褐色圆形小斑,以后病斑扩展成片,并传染到主根和侧根上,开始腐烂,韧皮部变褐,木质部坏死。若发现地上部出现相应的病变,此时病情已十分严重。地上部的表现有叶片焦边、枝条萎蔫、凋萎猝死等症状。

(2)防治方法 一是严禁在重茬地上育苗和建园;二是病树灌根。已发病株,若是大树,在距主干 50 厘米处,挖深、宽各 30 厘米的环状沟,沟内注入杀菌剂,然后将原土填回。若是幼树,可在树根范围内,用铁棍打孔,深达根系分布层,在孔中注入杀菌剂。若是苗圃，可用喷雾器顺株喷药，重点在根颈部。常用药剂有硫酸铜200倍液或65%代森锌可湿性粉剂200倍液，大树用量为每株15～20千克，幼树为5～10千克；三是在加强药剂防治的同时，应减少结果量，增施肥水，加强地下管理，增强树势。

14. 如何识别和防治杏和李红点病？

(1)症状及发病规律 主要危害叶片，果实也可受害。叶片染病时，初生为橙黄色近圆形病斑，微隆起，病健部界线明显，后病叶逐渐变厚，颜色加深，其上密生暗红色小粒点，即病菌分生孢子器。秋末病叶多转为深红色，叶片卷曲，叶面下陷，叶背突起，并产生黑色小粒点，即子囊壳。子囊壳埋生在子座中。严重时，叶片病斑密布，叶色变黄，常早期脱落。果实染病，果皮上产生橙红色圆形斑，稍隆起，无明显边缘，最后病部变为红黑色，其上散生许多深红色小粒点。病果常畸形，易提早脱落。

(2)防治方法 一是加强果园管理，低洼积水地注意排水，降低湿度，减轻发病；二是清除传染源，冬季彻底清除病叶、病果，集中深埋或烧毁；三是树开花末期及叶芽萌发时，喷0.5∶1∶100倍式波尔多液；或50%琥胶肥酸铜可湿性粉剂500倍液，或14%络氨铜水剂300倍液。

15. 如何识别和防治李袋果病？

(1)症状及发病规律 主要危害李、郁李、樱桃李、山樱桃等。病果畸变，中空如囊，因此得名。该病在落花后即显症，初呈圆形或袋状，后逐渐变成狭长略弯曲，病果平滑，浅黄色至红色，皱缩后变成灰色至暗褐色，或变成黑色而脱落。病果无核，仅能见到未发育好的皱形核。枝梢和叶片染病时，枝梢呈灰色，略膨胀、组织松软；叶片在展叶期开始变成黄色或红色，叶面皱缩不平，似桃缩叶病。5～6月份的病果、病枝、病叶表面着生白色粉状物，即病原菌的裸生子囊层。病枝秋后干枯而亡，翌年在这些枯枝下方长出的新梢也易发病。

(2)防治方法 一是秋末或早春及时剪除带病枝叶、清除病残体，或在病叶表面还未形成白色粉末状之前及早将其摘除，减少病原；二是早春李芽膨大而未展叶时，喷4～5波美度石硫合剂；三是展叶前喷0.1%硫酸铜溶液也可有效防治。

16. 如何识别和防治杏仁蜂？

杏仁蜂是杏产区的大害，尤以仁用杏受害最重。以幼虫为害杏仁，引起大量落果，不仅造成减产，而且也使杏仁丧失经济价值。其为害程度与杏品种有关。一般而言，甜杏比苦杏受害重；早熟品种比晚熟品种受害重。

(1)形态特征 杏仁蜂属膜翅目，广肩小蜂科。雌成虫体长约7毫米，翅展约10毫米，头胸黑色，腹部及足棕色，胸部肥大，产卵器外露，前翅半透明，后翅透明。雄成虫较小。老熟幼虫体长约10毫米，乳黄色，纺锤形，稍弯曲，头褐色，无足。裸蛹，长6～8毫米，乳白色，近羽化时为褐色。

(2)防治方法 一是消灭越冬幼虫，彻底捡拾受害落果、虫核，摘除树上僵果，集中烧毁或深埋土中；二是深翻树盘，将虫果翻入地下10～15厘米深，使成虫不能出土；三是药剂防治，在羽化成虫期，地面撒辛硫磷颗粒剂每株0.2～0.5千克，或25%辛硫磷微胶囊30～50克，浅耙与土混合，毒杀羽化出土的成虫，或在羽化成虫盛期喷50%辛硫磷乳油1 000～1 500倍液，每周1次，共喷2次。

17. 如何识别和防治山楂红蜘蛛？

山楂红蜘蛛又名红蜘蛛、火龙等。各地均有发生，主要为害叶片，被害叶片焦枯、早落，严重影响树势，造成减产。

(1)形态特征 山楂红蜘蛛属蜱螨目，叶螨科。成虫有4对足，雌成虫体长约0.6毫米，椭圆形，背前端隆起稍宽。冬型体色为朱红色，有光泽，夏型为暗红色，背两侧有黑色纹，足黄白色。雄成虫较小，体长约0.4毫米，体色淡黄，尾端尖削。卵圆球形，极小，有光泽，幼虫乳白色，体圆形，3对足，取食后变成淡绿色。若螨4对足，前期体背开始出现刚毛并开始吐丝，后期较大，从体型上可辨别雌雄，雌体型卵圆形。

(2)防治方法 一是早春发芽前仔细刮除树干及大枝上的翘皮，集中烧毁，消灭越冬成虫；二是翻耕树盘，消灭树干、杂草、落叶及土缝中的越冬雌成虫；三是萌芽前喷3～5波美度石硫合剂，消灭越冬成虫；四是在越冬成虫出蛰期和第一代幼虫孵化期喷药，出蛰期喷0.3～0.5波美度石硫合剂，消灭成虫于产卵之前。幼虫孵化期喷1.8%阿维菌素乳油5 000倍液，持效期可达30天，或73%的炔螨特2 000～4 000倍液，可兼杀卵、幼虫和成虫，或喷0.6%阿维菌素+齐螨素乳油3 000倍液防治效果好，而且不伤害天敌，或单喷800～1 000倍洗衣粉液也有防治效果；五是药剂涂干。在树干主枝和分枝下部，刮除老翘皮见白，带宽同干径，然后将乐果与机油按1∶5的混合乳剂涂抹在刮皮处。在越冬成虫出蛰期和落花后以及发生盛期各涂1次，由于药剂可被吸收到树上枝叶处，从而使山楂红蜘蛛吸食中毒而死。

18. 如何识别和防治象鼻虫?

象鼻虫又名杏象甲、杏象虫等。杏产区均有发生，为各产区的大害，主要为害幼果，常造成严重落果。

(1)形态特征 象鼻虫属鞘翅目，象鼻虫科。成虫体长7～8毫米，紫红色，有金属光泽。鞘翅上有小刻点和褐色纵纹，口器细长管状，乳白色。老熟幼虫长约8毫米，头小淡褐色，腹部乳白色，弯曲，各节背面有横皱纹，无足。卵为椭圆形，长0.8～1毫米，乳白色。蛹长约6毫米，近椭圆形，初为乳白色，羽化前为红褐色。

(2)防治方法 一是捡拾落果,集中烧毁或深埋,以消灭幼虫;二是捕杀成虫,利用其假死性,在清晨或傍晚振树捕杀;三是在成虫出土前,在树下撒50%西维因可湿性粉剂或2%杀螟松可湿性粉剂,每667平方米1.5～2千克,或地面喷洒50%辛硫磷乳油2000倍液,喷后锄表土。在成虫出现期结合防治蚜虫等其他害虫,树上喷50%辛硫磷乳油1000～1500倍液,或20%甲氰菊酯乳油3000倍液,或90%敌百虫晶体1000倍液等防治。

19. 如何识别和防治金龟子?

金龟子又叫东方金龟子、黑绒金龟子等。各杏产区均有发生,食性杂且大,为害嫩叶和花蕾。突发性强,对新植幼树为害极大,往往1～2天内可吃光全部嫩叶,严重影响幼树生长发育。

(1)形态特征 东方金龟子属鞘翅目,金龟子科。成虫体长7～8毫米,卵圆形,全身黑色,前胸背板和翅上密布刻点,显绒毛光泽。幼虫体长约16毫米,乳白色。蛹为裸蛹,初期为黄白色,后期为黄褐色,长约8毫米。

(2)防治方法 一是利用成虫的假死性,可在清晨和傍晚振树捕杀;二是利用成虫入土潜伏的特性,日出后在树干周围刨寻成虫捕杀,效果显著;三是在杏园养鸡,用鸡捕杀地下害虫和成虫;四是药剂防治。在成虫出土期间,于树盘内撒施毒土。常用药有25%辛硫磷胶囊剂、50%辛硫磷乳剂等。每平方米用药量约5克,撒时掺土稀释成20～30倍的毒土,撒后浅锄。隔10～15天再撒1次。成虫出土期间,也可在树上喷75%辛硫磷乳油1000倍液,或喷Bt可湿性粉剂800～1000倍液。

20. 如何识别和防治天幕毛虫?

天幕毛虫又名顶针虫、毛毛虫等。各地均有发生,食性颇杂。主要为害杏叶,可全部吃光被害树叶片,造成树势衰弱,产量降低。

(1)形态特征 天幕毛虫属鳞翅目,枯叶蛾科。雌成虫体长约20毫米,翅展约40毫米,黄褐色,前翅中央有1条赤褐色横带。雄成虫较小,黄白色,翅展30毫米左右,前翅中部有2条深褐色横线,后翅有1条横线。卵灰白色,围绕在细枝上,呈环状排列,形似顶针。幼虫出孵时黑色,老熟幼虫体长50～60毫米,头灰蓝色,体背中央有黄白色带,体侧有2条橙黄色细纹。蛹黑褐色,长约20毫米,其上有短毛。茧为黄白丝茧,长椭圆形。

(2)防治方法 一是结合冬剪摘除卵块,集中烧毁。此种方法若做得彻底,效果显著;二是利用其假死性,振动枝干,消灭群集幼虫;三是药剂防治。虫口密度大时,在幼虫期喷25%灭幼脲悬浮剂2 000倍液或25%溴氰菊酯乳油3 000倍液。

21. 如何识别和防治桑白蚧?

(1)形态特征 主要为害核果类果树和桑树。雌成虫盾壳灰白色。以若虫和雌成虫群集固定于枝条上吸食果树汁液。从小枝到主枝均可受害。以2～3年枝条被害数量最多。严重时整个枝条被虫体重叠覆盖,远看如涂了一层白蜡。被害处因不能正常生长而凹陷,使受害枝不能正常发育,严重者可使枝干枯死。

(2)防治方法 一是人工防治。在杏树休眠期,用硬毛刷漆涂枝干上虫体,结合冬剪将虫枝销毁;二是生物防治。对天敌注意保护。避免在红点唇瓢虫、软蚧蚜小蜂、黑绿红瓢虫发生盛期喷施广谱性杀虫剂;三是药剂防治。生长季各代若虫的孵化盛期前,孵化后1～2天若虫开始泌蜡,逐渐增加防治的困难,选择下列药剂喷施。0.3～0.5波美度石硫合剂,或40%杀扑磷乳油1 500倍液,50%氰戊菊酯乳油3 000倍液,或9%阿维菌素乳油2 000倍液。另外在雄成虫羽化盛期喷施上述药剂,灭虫效果更好。

22. 如何识别和防治梨小食心虫?

梨小食心虫又名梨小蛀果蛾、东方果蠹蛾、梨姬食心虫、桃折梢虫、小食心虫、桃折心虫。果实受害初在果面现一黑点,后蛀孔四周变黑腐烂,形成黑疤,疤上仅有1个小孔,但无虫粪,果内有大量虫粪。

(1)形态特征 成虫体长6～7毫米,翅展11～14毫米,全身暗褐色或灰褐色。触角丝状,下唇须灰褐色上翘。前翅灰黑色,其前缘有7组白色钩状纹;翅面上有许多白色鳞片,中央近外缘1/3处有1个白色斑点,后缘有一些条纹,近外缘处有10个黑色小斑,是其显著的特征,可与苹小食心虫区别。后翅暗褐色,基部色淡,两翅合拢,外缘合成钝角。足灰褐色,各足跗节末灰白色。腹部灰褐色。卵扁椭圆形,中央隆起,直径0.5～0.8毫米,半透明。刚产的卵为乳白色,渐变成黄白色稍带红色,近孵时可见幼虫褐色头壳。末龄幼虫体长10～14毫米,淡红色至桃红色,腹部橙黄色,头褐色,前胸背板黄白色,透明,体背桃红色。腹足趾钩30～40个,与桃蛀果蛾幼虫趾钩10～20个有明显区别。臀栉4～7个刺。小幼虫头、前胸背板黑色,前胸气门前片上有3根刚毛,体白色。蛹长6～7毫米,黄褐色。腹部3～7节,背面各具2排短刺,8～10节各生1排稍大刺,腹末有8根钩状臀棘。茧丝质白色,长椭圆形,长约10毫米。

(2) 防治方法 一是合理配置树种,建园时避免与桃、梨、李、杏等果树混栽。清除越冬虫源,冬春季果树发芽前刮除粗皮、翘皮,扫净落叶集中烧毁,同时挖树盘翻压土,消灭越冬虫源;二是春、夏季及时剪除桃树被蛀梢端萎蔫而未变枯的树梢;三是诱杀成虫,利用梨小食心虫性外激素诱芯和果醋液诱杀成虫。及时摘除新萎蔫的虫梢、虫果,压低后期往梨上转移的虫量,一般每周进行1次;四是释放赤眼蜂,于二三代成虫产卵期各放蜂4次,第四代再放蜂2次，每次每667平方米放蜂量约2.1万头，五是药剂防治。可用50％杀螟硫磷乳油、50％敌敌畏乳油、90％敌百虫晶体1 000～1 500倍液，或20％氰戊菊酯乳油、20％甲氰菊酯乳油、2.5％溴氰菊酯乳油3 000倍液喷洒；六是提倡果实套塑料薄膜袋，防效明显。

23. 如何识别和防治小绿叶蝉？

小绿叶蝉又名桃小浮尘子，属同翅目、叶蝉科，为害桃、杏、李、樱桃、梅、苹果、梨、葡萄等果树。成虫、若虫吸食芽、叶和枝梢的汁液，被害叶初期叶面出现黄白色斑点，以后渐扩大成片，严重时全树叶苍白早落。

(1)形态特征 成虫体长3.3～3.7毫米，淡黄绿色至绿色。前翅半透明，略呈革质，淡黄白色。卵长椭圆形，一端略尖，乳白色。若虫全身淡绿色，复眼紫黑色。

(2)防治方法

①加强果园管理 秋冬季节，彻底清除落叶，铲除杂草，集中烧毁，消灭越冬成虫。

②喷洒农药 成虫向树上迁飞时，以及各代若虫孵化盛期及时喷洒20％异丙威乳油800倍液，或25％异丙威可湿性粉剂600～800倍液，或20％害扑威乳油400倍液，或20％菊马乳油2 000倍液，或2.5％敌杀死或2.5％三氟氯氰菊酯乳油2 000倍液防治，均能收到较好效果。

24. 如何识别和防治舟形毛虫？

舟形毛虫又名苹果天社蛾等。各地均有发生，除为害苹果、梨、山楂等果树外，在杏树上也表现较重。以幼虫取食叶片为害，幼龄幼虫群集叶背面啃食叶肉，仅剩下上表皮和叶脉，被害叶成网状，幼虫稍大则咬食全叶，仅留叶柄。

(1)形态特征　舟形毛虫属鳞翅目,舟蛾科。成虫黄白色,体长约22毫米,翅展约50毫米,前翅基部有1个和近外缘有6个大小不一的椭圆形斑纹,中间部分有4个淡黄色曲折的云状纹。老熟幼虫体长约50毫米,头黑色,胴部紫黑色,腹面紫红色,体上有黄色长毛。静止时,头、尾上翘似舟形。卵球形,直径约1毫米,初产时淡绿色,近孵化时呈灰褐色,卵产于叶背。蛹暗红褐色,体长约23毫米,全身密布刻点,尾端有4个或6个臀棘,中间2个粗大,侧面2个不明显或消失。

(2)防治方法　一是结合秋翻或刨树盘消灭越冬蛹;二是利用幼虫群居和受惊吐丝下垂习性,人工捕杀或及时剪除有虫枝叶;三是卵期释放赤眼蜂;四是在老熟幼虫入土期地面撒白僵菌,撒后耙一下,一般不需用药剂防治。若发生严重,可用50%敌敌畏乳油1000倍液喷洒。

25. 如何识别和防治红颈天牛?

红颈天牛又名红脖老牛、钻目虫等。主要为害杏树枝干,造成空洞,引起流胶,严重削弱树势。幼虫常在枝干的韧皮部和木质部之间蛀食为害,近老熟时深入木质部并向上或向下蛀食到根颈部,造成枝干中空,输导组织被破坏,从外表面看树干基部有红褐色虫粪和蛀木的碎屑。

(1)形态特征　红颈天牛属鞘翅目,天牛科。成虫体长约28毫米,黑色,有光泽,前胸、背部均为棕红色,所以称为红颈天牛。雄成虫触角比体长,雌成虫触角与虫体长相近,且比雄成虫大。卵为长椭圆形,乳白色,长约3毫米。幼虫头小、褐色,胴部乳白色,老熟幼虫体长约50毫米,足退化。蛹为淡黄白色,裸蛹,蛹长约35毫米。

(2)防治方法　一是成虫产卵前在距地面150厘米以内的树干和大枝上涂刷涂白剂(生石灰10份,硫磺1份,食盐0.2份,动物油 0.2 份，水 40 份），枝杈处应涂厚些，或用 40%氧化乐果乳油 200 倍液涂刷，以防止成虫产卵；二是在 6～7 月份成虫出现时，利用其午间静息枝条的习性，震落捕捉，或用糖∶酒∶醋比为 1∶0.5∶1 的混合液（加少量敌敌畏）诱杀成虫；三是虫孔注药。发现树上有新鲜的排粪孔，用泥土封住其余粪孔，在最新一个排粪孔处，用注射器注入 40%敌敌畏乳油 500 倍液，或 40%氧化乐果乳油 600 倍液，注满为止，然后堵住排粪孔，以熏杀蛀孔幼虫；四是掏幼虫。将钢丝沟深入排粪孔内，尽量到达底部，当发现钢丝转动声由清脆变沉闷时，说明已钩住幼虫，轻轻拉出，之后用泥土封住虫孔。

26. 如何识别和防治蚜虫？

蚜虫又名蜜虫、腻虫。各地均有发生，为害各种果树。吸食树体汁液，严重影响树生长发育。

(1)形态特征 蚜虫属同翅目，蚜虫科。成虫有无翅和有翅之分，同时也有胎生和卵生之分。胎生无翅蚜体长约 2 毫米，肥大呈绿色或红褐色。胎生有翅蚜头、胸部黑色，腹部暗绿色，翅透明，翅展 6 毫米，蜜管长。卵生无翅雌蚜与胎生者相似。若虫形态近似无翅胎生雌蚜，虫体较小。卵椭圆形，初期为绿色，后变为黑色。

(2)防治方法 一是结合修剪，剪除有卵枝条，减少虫口密度，可减轻翌年的为害；二是在蚜虫发生盛期初始，用 2.5%鱼藤酮乳油 750 倍液喷雾；三是在卷叶前喷 10%吡虫啉可湿性粉剂 1 000 倍液或喷洗衣粉 800 倍液（应先用开水化开洗衣粉）。

27. 如何识别和防治李实蜂？

李实蜂以幼虫蛀食幼果，常造成大部分虫果，虫果明显比健果小，果内充满虫粪。

(1)形态特征 李实蜂属膜翅目，叶蜂科。成虫体长 4～6 毫米，雄蜂略小，体黑色。上颚及上唇为褐色。触角丝状 9 节，第一节黑色，2～9 节暗棕色(雌)或深黄色(雄)。头部密生微毛，中胸背面有明显“乂”字形沟纹。翅透明，棕色或灰色，前缘及脉纹黑色(雌)，前胸、中胸、足污黄色(雄)，或暗黄色(雌)。雌蜂产卵器上有 10 个尖利的锯齿。卵乳白色，长约 0.8 毫米，宽约 0.6 毫米。老熟幼虫体长约 10 毫米，黄白色，胸足 3 对，腹足 8 对。茧长约 8 毫米，表面黏着细土粒。

(2)防治方法 一是深翻压茧。在羽化成虫出土前，深翻树盘，将虫茧埋入深层，使成虫不能出土；二是幼虫在田间空间趋于聚集分布，在李树花前用专用塑料膜覆盖地面，防治李实蜂效果显著，可达到有虫不成灾；三是毒杀成虫。于成虫产卵前喷洒 10% 氯氰菊酯乳油 1 000 倍液加 20%灭幼脲 3 号悬浮剂 1 500 倍液毒杀成虫；四是在树下洒药。在幼虫入土前或翌年羽化成虫出土前，在树冠下喷洒 25%辛硫磷乳油 500 倍液，毒杀入土幼虫和羽化出土的成虫。

28. 如何识别和防治李枯叶蛾？

李枯叶蛾为害杏、李、桃、梨、樱桃、梅、核桃、杨、柳等果树。幼虫食嫩芽和叶片，食叶造成缺刻和孔洞，严重时将叶片吃光仅残留叶柄。

(1)形态特征 成虫体长 30～45 毫米，翅展 60～90 毫米，雄虫较雌虫略小，全身赤褐色至茶褐色。头部色略淡，中央有 1 条黑色纵纹；前翅外缘和后缘略呈锯齿状；前缘色较深；翅上有 3 条波状黑褐色带蓝色荧光的横线；后翅短宽、外缘呈锯齿状。卵近圆形，直径约 1.5 毫米，绿色至绿褐色、带白色轮纹。幼虫体长 90～105 毫米，稍扁平，暗褐色至暗灰色，疏生长、短毛。头黑生有黄白色短毛。各体节背面有 2 个红褐色斑纹；中后胸背面各有 1 丛明显的黑蓝色横毛；第八腹节背面有一角状小突起，上生刚毛；各体节生有毛瘤，以体两侧的毛瘤较大，上丛生黄色和黑色长、短毛。蛹长35～45毫米，初为黄褐色后变成暗褐色至黑褐色。茧长椭圆形，长50～60毫米，丝质、暗褐色至暗灰色，茧上附有幼虫体毛。

(2)防治方法

①人工防治　结合整枝修剪，剪除越冬幼虫。

②物理防治　悬挂黑光灯，诱捕成蛾。

③药剂防治　幼虫为害期，可喷施50%杀螟硫磷乳油1 000倍液，或5%吡虫啉乳油1 500倍液。

29. 如何识别和防治朝鲜球坚蚧？

朝鲜球坚蚧又名树虱子，在各地产区均有发生。被害树树势衰弱，生长缓慢，产量下降，严重时造成枝干枯死。

(1)形态特征　朝鲜球坚蚧属同翅目，介壳虫科。雌成虫半球形，初期壳质软，黄褐色，后期硬化变为紫褐色，常有2个纵裂或不规则的凹点，并且有极薄的蜡粉，直径达3毫米，密集排列在枝条上。雄成虫体长约1.3毫米，翅展约2毫米，头胸部赤褐色，腹部淡黄褐色，半透明，尾部有针状交尾器。卵椭圆形，粉红色。若虫长椭圆形，扁平，背面浓褐色，有黄白色花纹。腹面淡绿色，触角、足完全，有尾毛2根。

(2)防治方法　一是保护利用天敌。黑缘红瓢虫能捕食球坚介壳虫，可尽量少用广谱性杀虫剂，以保护利用天敌；二是刷除虫体。在成虫介壳已形成后，虫卵未孵化前，用毛刷、草把刷除雌虫，注意要刷到枝杈处。介壳虫体为蜡质介壳，一般药剂不易进入，故防治时须选用渗透性强的油乳剂或强内吸剂；三是掌握在介壳虫初龄若虫期，或在果树休眠期用药，才可收到良好的效果。早春萌芽前喷5波美度石硫合剂或5%的柴油乳剂；若虫孵化盛期喷0.3～0.5波美度石硫合剂，或40%杀扑磷乳油2 000倍液，或10%氯氰菊酯乳油1 000倍液等均可杀死若虫。

30. 如何识别和防治黄斑卷叶蛾?

(1)形态特征 成虫体长7～9毫米,翅展17～20毫米。夏型成虫前翅金黄色,散布有银白色突起的鳞片,后翅灰白色,复眼红色。冬型成虫前翅暗褐色,后翅灰褐色,复眼黑色。卵扁椭圆形,长径约0.8毫米,短径为0.6毫米。冬型成虫产的卵初为白色,后变成淡黄色,近孵化时为红色;夏型成虫产的卵初为淡绿色,翌日变为黄绿色,近孵化时变为深黄色。老熟幼虫体长约22毫米,初龄幼虫体为乳白色,头部、前胸背板及胸足均为黑褐色。蛹长9～11毫米,深褐色,顶端有一指状突起向背部弯曲。

(2)防治方法

①清除成虫 冬季清扫果园杂草及落叶,使成虫不能隐藏越冬。

②药剂防治 在第一代卵孵盛期(4月上中旬)和第二代卵孵盛期(6月中旬),喷5%高效氯氰菊酯乳油2000倍液,或2.5%敌杀死乳油3000倍液,防治初孵幼虫。

七、李和杏的采收、运输和贮藏

1. 如何确定杏和李的果实采收期?

果实开始成熟的标志是果皮由绿色变成白色或黄色。果实各部位成熟的先后顺序为由里向外,由果顶到果肩直至梗洼。据张加延报道,杏果实一般发育期为58～180天。由于不同品种、不同单株或同一单株上的果实发育不太一致,即成熟度较不整齐,故杏果实应分批及时采收,一般果皮底色变黄或变白,果实硬度(带皮)为18～20千克/厘米^{2}时采收较为适宜;短途运输或产地销售的果实采收以果实硬度为13～18千克/厘米^{2}为宜。

一般而言,果实达到采收成熟度时即可采收。这时的标准是果实达到了品种所固有的大小、形状,果面由绿色转为黄色,向阳面呈现出品种所固有的色调和色相,果肉仍保持坚硬,但内含营养物质已达到了最佳程度。远销外地和出口的果实,适宜此时采收,以便有足够的时间包装和运输。在当地市场销售,特别是鲜食品种,应等果实达到食用(消费)成熟度时再采收。这时果实已成熟,表现出该品种应有的香味,在化学成分和营养价值上也达到最高点,风味最好,外观最美。

用于果汁、果酱的原料,适宜在食用成熟度时采收,用于制作“青梅”的果实,宜在接近采收成熟度、杏果绿色尚未褪去时采收;作加工话梅的果实也可稍早采收。而用于糖水罐头和果脯的原料,不宜采收过早或过晚,应在八成熟(绿色褪净果肉尚硬)时采收为宜。此时既便于切分和煮制,也可保持果实固有的风味。制杏干的果实也不宜采得过晚,以免加大在加工过程中的损失。

仁用杏应等果实达到生理成熟度时再采收,即此时果面变黄,肉质松软，果实淡而无味且自然裂口，但种子则达到了充分成熟的阶段。

总之，无论何种用途，均不宜采收过晚，以免因果实过度成熟，自然脱落，造成损失。过熟果实不易贮放和运输，因其已丧失果品的商品价值。

采收日期确定后，在一天中何时采收，也至关重要。一般应等露水退后开始采摘，否则果面沾有露水，不仅会弄脏果面，而且因湿度大而加速果实的呼吸作用，这样既容易损失分量，也易造成腐烂。果实成熟期正遇高温季节，中午烈日当头，不宜采摘果实，否则过热的果实集中在一起，会加剧呼吸作用，这样不仅损失重量，而且会使果实催熟，丧失贮运能力，果实品质也会迅速下降。一般而言，以晴天的上午 9～12 时和下午 16 时以后采摘为宜。

2. 杏和李果实采收时应注意哪些问题？

采收时间应避开中午高温期，采果人员必须经过专门训练，指甲剪短，采果时应戴上干净的线手套等，还应轻拿轻放，避免日晒。在同一株树上的果实成熟度有差异，采摘时要分期分批进行，采成熟度一致的果实，果实品质有一定的保障，对消费者食用有良好的影响。

果皮都易产生褐变，因此采摘时要轻拿轻放，手指捏在果柄上，尽量避免擦掉果面上的茸毛，更不能碰伤果实。因为暗伤或碰伤的果实易变色，影响果实的外观品质。

3. 杏和李果实采收有哪些方法？

(1)人工采收

①*鲜食李、杏与加工李、杏的采收方法*　鲜食、加工制脯、制干用李、杏，就一株树而言，应仔细自下而上，由外向内依次分批分期采收，采收时用手轻轻摘下，放入垫有衬纸的果箱，避免造成刺伤、

碰伤或压伤，保持果面完好无损。果实一旦碰伤，微生物即会很快侵入，加快果实的呼吸作用，从而降低耐贮性。还要防止折断果枝，碰掉花芽和保护叶片，一株树采完后，将果箱置于树阴下，使其自行散热，等全部采完后用车一块儿送到分级包装场。

②仁用杏的采收及取仁方法　仁用杏可在果实充分成熟后采下来，或摇枝震落、轻轻敲落下来。注意不可敲伤果树和打落叶片。仁用杏的果肉薄、硬、味酸、不宜生食。先把采下的杏打堆，按顺序堆放，上盖干草，使其发酵腐烂，需 4～6 天。也可利用杏肉加工杏干，不必经过烂果过程。把腐烂后的果实摊在场地上，用石磙碾压，也可摊在石碾盘上转碾，或把腐烂的果实放在箱内直接用水冲，借以分离肉与核。分离后的果核用清水洗净，及时晾晒，直到干透，摇之有声。取仁一般均以手工砸取。砸开的碎壳和仁肉，先用风车和簸箕扬去碎壳，再用手工捡出仁肉，并分等。将分等后的杏仁摊晾阴干，便于贮运，保质。一般每 100 千克果核可出仁25～40 千克。

(2)机械化采收　目前，国外在果实采收方面应用的有 2 种方法。

①机械震动法　加工用和仁用品种常采用此法。采果机是利用 30～45 千瓦的拖拉机带动一个夹住树干的夹持器，摇动树冠，使果实落在一块与树冠大小一致的帆布篷上。夹持器夹在距地面 0.8 米的树干处，可使冠径 6 米的杏树上的果实脱落而不伤树体。

②台式机械　鲜食果使用半自动化的台式机械采收。台式采果机是在一辆机车上，装有多个工作台，工作台可通过液压系统控制其升降和加宽。工作台上可载几个工人同时进行采果作业。

总之，在一般情况下，采收工作的效率取决于坐果率的高低，果实的大小，树的高矮和栽植密度，与树型也有密切关系。在比较熟练的情况下，人工采收 1 人 1 天可采摘优质鲜果 200 千克左右；用机械采收，1 人 1 天可收果实 600～700 千克。

4. 果品质量标准化的作用是什么？

果品质量标准是对果品质量及其相关因子所提出的准则，是评价果品质量的依据，通过果品质量标准的制定和执行，就能够保证质量达到当前应有的水平，能够刺激生产者改进栽培措施，促进质量和商品率的提高。它可以给果品生产者、收购者和流通渠道中各个环节提供贸易语言，是生产和流通中评定果实品质的技术准则和客观依据，有助于生产和经营管理者在果品上市前做好准备工作和标价。等级标准还可以为优质优价提供依据，能够以同一标准对不同市场上销售的果品进行比较，便于市场信息的交流。当果品质量发生争议时，可以根据标准做出裁决，为果品的期货贸易奠定基础。

已经批准发布的标准就成为技术法规，无论工、农、商部门，还是各级生产、科研、管理部门或企事业单位，都不得擅自更改或降低标准。对违反标准以至造成损失者，应追究责任或经济制裁，同时标准管理部门应尽量创造执行的条件，以促进标准的执行，增强果品的竞争力。

5. 果品质量标准化的意义是什么？

果品质量标准化是指对果品质量制定统一标准，在标准的指导下，进行生产、收购、检验、交换验收、包装贮运、销售服务等过程。有利于提高果树种植者生产技术水平，提高果品生产的经济效益；有利于提高果品质量与安全水平，提高果品市场竞争力；有利于解决小生产与大市场之间的矛盾，提高果树种植者应对市场风险的能力；有利于提高果品生产的产业化水平，从根本上解决果树种植者增产增收问题。

6. 果品标准化生产的特点是什么？

果品标准化生产具有严格的果品生产标准和质量标准，它包括以下内容：一是栽培品种名优化；二是树体管理标准化；三是肥水管理科学化；四是农药使用安全化；五是果品生产规范化；六是生产经营产业化。

生产标准动态化，其生产标准会因各国、各地、各个时期对果品质量的不同要求而有相应的调整和变化。

7. 采摘后的杏和李果实应如何进行分级和包装？

采摘下的果实，应按品种在选果场进行分级与包装。较大的专业性果园，选果场宜建在果园中心，靠近主道，以便于运输。小的果园可在地头临时搭篷帐，或直接在树下进行。选果场应准备磅秤、量果板和包装材料等。

(1)分级 分级的目的在于剔除畸形果、伤残果、病虫果，并按果实大小、色泽将果实分成等级，以便包装、运输和销售，提高市场竞争力并获得较高的经济效益。李、杏果可以按不同品种的单果重大小分为1A级、2A级、3A级和4A级4类。每类中又分3级（特等、一等、二等）。1A级单果重＜50克；2A级单果重50～79克；3A级单果重80～109克；4A级单果重≥110克。病虫果、畸形果和严重伤残果均不入级。一般多以人工分选为主，大的专业杏园可设专门的选果机。

(2)包装 良好的包装不仅可减少果实在搬运过程中的损失，而且还有助于保持和增进其品质。鲜李、杏易软，不耐挤压，在包装上要求轻便、牢固，严禁过高堆压。包装容器不宜过大，附近市场鲜销，以8～10千克为宜；用于远销和出口，以5～6千克为宜，最好使用带有瓦楞纸分格的硬壳纸箱，因其侧面配有通气孔，以便散热，又可防挤压。特级果和一级果在装箱时每果宜用薄纸单独包裹，以确保其完好无损。有些地方也有用杂条筐、荆条筐和竹制小篓作包装容器，筐内皆用通气筒，以利于散热和保护果品质量。杏仁的包装容器以打孔硬性纸板箱、硬性食用塑料箱或木箱为宜。

国际上多采用板条箱直接将已分级好的杏果运至市场销售。因杏果柔软多汁，果面极易碰伤，经不起多次倒换容器，故以分级后直接运到市场为宜。为便于销售和顾客购买，还常用特制的带孔的小塑料包装盒。每盒装0.5～1千克，每10盒装成1箱，再由汽车直接运到市场。这样可减少中间环节，既可减少损失，又可减轻污染，便利顾客。有些发达国家李、杏果的分级包装是通过自动化生产线来完成的，即上果→人工初选→冷却与冲洗→刷擦→分级→包装和小包装。在包装的同时，计算机自动称重并进行记录，给包装箱贴上打有品种、毛重、净重、出口国家、产地等指标的商标，由铲车送进大型冷藏汽车，运往国内、外市场。

8. 如何运输杏和李果实?

杏被认为是"没腿"的水果，晚熟李子耐贮运能力比较强。成熟后柔软多汁，经受不住运输中的挤压碰撞，常给经营者带来一定的损失。为使损失降低到最小限度，除了选择合适的园址，在交通方便的地方建园之外，讲究运输的方法也很有必要。由树下将李、杏果集中到选果场，包装多是临时性的，应尽量使用胶轮的手推车或拖拉机等，一车上不宜装得太多或重叠。在选果场装箱时，不宜装得过满，应以装到距箱缘1～2厘米处为限，以免上下挤压，箱内李、杏果应彼此紧贴，以免左右摇动。

当前最理想的运输方式是用冷藏车运输，每个冷藏箱装5 000～6 000千克李、杏果，在0℃～5℃低温条件下运输3～5天不致失重，仍然会保持李、杏果的新鲜品质。必要时也可使用航空运输以满足特需之急。杏仁在运输过程中，要与有异味的物质隔离，要防止苦杏仁与甜杏仁混淆。

采收、分级、包装和运输是我国李、杏生产中的薄弱环节，每年因此损失巨大，严重影响了进一步的扩大与发展，应尽快摆脱传统的棒打采收、大筐装运和大小优劣一齐装的落后方式，以提高生产的商品率水平和市场的竞争意识，创造更高更大的经济效益。

9. 如何贮藏杏和李果实？

李果实成熟期是6～9月份，有部分晚熟品种的果实贮藏期可达100多天；而杏成熟期较为集中，我国大部分产区一般在5月下旬至7月下旬，市场供应期60～70天，具体到一个地区仅有30～40天。如此集中的成熟期，不仅使鲜果不能周年供应市场，而且又使加工部门一时难以消化。充分成熟的杏果，在自然条件下只能存放3～4天，时间过长会丧失鲜食和加工品质，过短若不能售出和加工，就会腐烂变质，使生产者和经营者遭受损失。因此，除了栽植不同成熟期的品种和适时采收外，设法在早熟李、杏成熟时将一时不能销售和加工的李、杏果保鲜贮藏，对于延长杏果供应期，缓解加工厂的周期性紧张、减少损失、增加收益具有重要意义。

目前最有效的贮藏保鲜技术是低温贮藏。即将果实置于冷库中保存，低温可以降低果实的呼吸强度，抑制微生物的活动，保持果实新鲜状态。果品贮藏冷库主要有4种。

(1)简易贮藏库 包括窖藏和土窑洞贮藏2种。其特点是结构简单，需用建筑材料少，费用较低，可因地制宜建造。主要依靠自然温度调节，使用方面受到不同程度的限制。

(2)通风贮藏库 它是在有一定隔热条件下的建筑，利用库内外温度的差异和昼夜温度的变化，以通风换气的方式，来保持库内比较稳定和适宜的贮藏温度的一种贮藏场所。其基本特点与窑窖相似，但它在建筑方面较窑窖提高了一步，即有较为完善的隔热建筑和较灵敏的通风设备，操作方便。但通风贮藏库仍是以自然温度调节库内温度，所以在气温过高或过低的地区和季节，若不加其他辅助设施，还是难以保持理想的温度条件，尤其是库内湿度更不好解决。

(3)机械冷藏库 它是在由钢筋混凝土构成的和有良好隔热

效能的库房中装置冷冻机械设备，根据不同种类果实的要求，通过机械的作用，控制库内的温度、湿度和通风换气。以此可不分冬夏，周年贮藏果实。但缺点是无法调节库内的二氧化碳浓度和氧气浓度。

(4)气调贮藏库 它是在果实贮藏要求的适宜温度下，保持一个比正常空气有较多的二氧化碳和较少的氧气的空气环境，而显著地抑制呼吸作用和延缓变软、变黄、品质恶变以及其他衰老过程，从而延长果实的贮藏期限，获得较好的品质，减少消耗和腐烂，且在离开贮藏库后仍然有较长的寿命。此种贮藏方法在世界发达国家已得到广泛的应用。根据国内外经验，在机械冷藏库内新鲜果品可保存30～40天；在气调贮藏库内可保存50天左右。尽管如此，各生产单位和经营部门还应以快进快销为宗旨，及时投入市场，趁鲜销售，满足消费、减少损耗。

杏仁一般以当年货及时销售为好，贮藏1年以上，色、味都会逊色。在简易贮藏库内保存时装脚要垫高，要求高燥凉爽，不能与有异味商品堆放在一起。梅暑季节，少量杏仁可与黄沙拌和，贮存在密封的容器内保质；大量贮藏在机械冷藏库内存放较为理想。

低温保鲜贮藏果实，在鲜果入库前应放在阴凉的地方，通风、降温，或用冷气在预贮库内预冷。一般需预冷12～24小时，使果实温度降至20℃以下。切不可由田间采收后立即送入冷库。经过预冷的李、杏果，及时进入冷库，在前1～2天内，使温度保持在14℃～16℃，空气相对湿度在85%左右，然后再降温至－0.5℃～0.5℃，并使空气相对湿度稳定保持在85%～90%。在贮存期间，应进行2～3次检查，并及时处理变质李、杏果。从冷库中提取李、杏果时，应在前1～2天升温回暖，使之达到15℃～18℃（与外界保持6℃～8℃的温差），否则直接由低温状态下取出，果实表面易形成果霜，从而降低果品质量。

10. 果品包装的原则是什么?

(1)围绕果品建设品牌,创立品牌包装 品牌是在营销市场上与竞争对手产品区别开来的无形资产,是消费者选择商品的依据,是实现利润最大化的手段,目前已成为市场竞争的主要措施,在果品包装上,要注意与果品品牌建设紧密结合,真正树立包装的品牌意识,在包装材料选择、包装设计等方面充分考虑到果品特性、市场特点、消费心理等因素,力争赋予包装强烈的现代冲击力和文化品位,从而使精美包装、品牌包装与优质果品相得益彰。

(2)突出个性化包装设计,提高果品包装档次 果品包装是果品产销链中的最后一道工序,同样的果品包装不同则销售价不同,优质产品更需要精美的包装来体现,进而增加市场竞争力。从营销的角度出发,个性化包装图案和色彩设计是突出商品个性的重要因素,个性化的品牌形象是有效的促销手段。近年来果品质量得到了大幅度的提高,然而包装档次未能得到相应配套,关键是包装设计未能突出个性化,没有体现出包装适当超前质量的商品销售理念。个性化品牌包装设计应在考虑果品特性的基础上,从商标、图案、色彩、造型,材料等构成要素入手,针对不同的销售区域和消费者习惯,科学分类,以高端市场和大型超市为目标市场,以高档纸箱、个性化品牌包装为突破口,带动整体提升果品包装档次。

(3)以果品规模经营为先导,引领果品包装上台阶 随着国内外市场的不断变化和农村经济的快速发展,分散经营的千家万户与大市场的衔接问题、果农经营规模偏小与果品产业化、规模化、品牌化发展的矛盾逐渐显露出来,成为果品包装业再上新台阶的制约因素。千家万户的老百姓不可能成为引领果品包装的主体,根据果品主产区的现状,主体应是那些果品规模经营体,包括生产大户和有组织的专业合作社。这些规模经营的经济体,生产、包装、销售一体化,具备雄厚的经济基础、良好的经营理念、较强的科技意识、包装意识和市场意识，容易与市场紧密对接。总之，既有经济、物质基础，又有精神、文化追求，这些特点是实现果品精美包装，尤其是打造名牌包装的必要条件。当这些规模经济体发展到一定程度后，其内在对利润和投资的追求动力，会使他们吸收更多农户加入专业的合作社，推行无公害果品标准、绿色果品标准及有机果品标准的生产技术，收购符合条件的果品让同一品牌包装后进入市场，当规模经营到一定程度时，优质果品、高档名牌包装的形象就会深入消费者心里，从而带动果品主产区整体包装销售和市场占有率的提升。

(4)适应市场要求，抓好“一大一小”两种包装 从果品产区果品包装的发展和国内外果品市场动态来看，当前果品包装有两个明显的发展方向，一个是趋“小”性，另一个是包装的趋“大”性。小型精品包装，主要是针对超市和经济发达城市，随着人们生活水平的不断提高，小型包装已被越来越多的消费者所接受，引领果品包装的新趋向。大包装主要是作为果品的周转，多数外地果商把果品大包装仅仅作为运输过程的一个保护措施，到达目的后，果商会根据消费群体的不同，重新进行小型化包装，采用独立品牌，实现营销增值。

(5)营造绿色包装，体现生态理念 绿色包装符合生态、环保、健康的消费潮流，是果品包装未来发展的方向。果品绿色包装应考虑是否利于节约资源、人力、物力和流通力量；是否会对果品、环保、各流通环节中的操作人员和消费者造成污染；是否利于回收、循环或再生利用等。

(6)充分利用资源优势，建议发展高档包装纸箱企业 包装箱业是目前公认的一个朝阳产业。果品主产区每年修剪有大量的树枝，可以作为生产高档木浆纸的原料，木浆纸可以用来制造高档纸箱、纸张、果品袋等，市场前景较好。